実務に役立つシリーズ 6

SEM因果分析入門

JUSE-StatWorksオフィシャルテキスト

棟近 雅彦 監修
山口 和範・廣野 元久 著

日科技連

まえがき

　JUSE-StatWorksの「SEM因果分析編」は，統計的因果分析をサポートするためのソフトウェアとして，構造方程式モデリング（Structural Equation Modeling：SEM）とグラフィカルモデリング（Graphical Modeling：GM）の有機的結合という他に例をみない画期的特徴をもっている．本書では，「SEM因果分析編」で利用できる統計手法を，品質管理分野での事例を中心として解説を行った．

　近年，さまざまな分野で，証拠にもとづく科学的意思決定の重要性と必要性が唱えられている．一方で，時間的な制約などにより完全な情報を得たうえで意思決定が行えるわけではない．そこで，統計的な因果への接近法が重要になるが，その統計的な因果への接近法を具体的に行う手法として，回帰分析，パス解析，構造方程式モデリングやグラフィカルモデリングによる分析が代表的である．本書では，これらの手法の仕組みを簡単に解説するとともに，多くの分析の実例によりその使用方法を例示している．また，潜在変数という概念がなじみにくい工学系分野でも，その有用性について解説した．社会科学系では，測定対象の違いから測定技術が必ずしも十分に確立していないことが多く，潜在変数の活用が古くから行われてきた．100年前に誕生した因子分析はその典型である．構造方程式モデリングは，パス解析に潜在変数を組み込んだもので，回帰分析や因子分析の発展系と考えることができる．観測変数だけで因果モデルを表現するパス解析に対し，直接には観測することが難しい概念を潜在変数として表現し，それをモデルに取り込んだ手法である．今後，品質管理の分野でもこのような手法のいっそうの活用が見込まれるはずである．本書がJUSE-StatWorksの「SEM因果分析編」を活用しながら統計的因果分析の実践を行おうとする人たちの一助になれば幸いである．

まえがき

　本書の執筆にあたっては多くの方からの支援をいただいた．特に本書の第2章，第4章，第6章の執筆は，事例提供を含めTDK㈱の野中英和氏にご協力いただいた．さらにトヨタ自動車㈱渡邉克彦氏には，草稿の段階からご助力をいただいた．さらに，㈱日本科学技術研修所および㈱日科技連出版社の方々からの刊行への励ましとともに多大なる支援がなければ，本書の完成はなかったと思う．ここに記して感謝の意を表したい．最後に，このような書籍の執筆の機会をお与えいただき，また，執筆の過程で有益なご指摘をいただいた監修者の早稲田大学棟近雅彦先生にお礼を申し上げたい．

2011年5月

山口和範・廣野元久

SEM 因果分析入門 目次

まえがき *iii*

第1章　統計モデルと因果への接近法 — *1*
 1.1　統計的因果分析 …………………………………… *1*
  1.1.1　はじめに ……………………………………… *1*
  1.1.2　相関・連関と因果の違い …………………… *2*
 1.2　回帰分析を超えて ………………………………… *5*
 1.3　因果分析の作法 …………………………………… *7*
  1.3.1　回帰分析による方法 ………………………… *7*
  1.3.2　潜在変数の導入 ……………………………… *12*
 1.4　現実味のある因子分析 …………………………… *16*

第2章　線形回帰分析による因果への接近 — *19*
 2.1　因果モデルとしての回帰分析 …………………… *19*
 2.2　説明変数の取り上げ方 …………………………… *23*
 2.3　逐次モデルによる因果探索 ……………………… *25*
  2.3.1　事前分析 ……………………………………… *25*
  2.3.2　LRMにおける変数選択の指針 …………… *26*
  2.3.3　中間特性と強度との解析(手順1) ………… *27*
  2.3.4　制御因子と中間特性との解析(手順2) …… *28*
  2.3.5　中間特性と制御因子の解析(手順3) ……… *31*

第3章　GMの基礎 ——————————————— 33
3.1　疑似相関と偏相関 ……………………………………………33
3.1.1　疑似相関 ………………………………………………33
3.1.2　偏相関 …………………………………………………37
3.2　GMの基本的なルール …………………………………………40
3.2.1　グラフィカルなモデルの表現 ………………………40
3.2.2　独立グラフ ……………………………………………40
3.2.3　共分散選択 ……………………………………………41
3.2.4　モデルの適合度 ………………………………………44
3.3　GMによる因果関係の探索 ……………………………………47
3.3.1　因果グラフ ……………………………………………47
3.3.2　モラルグラフと合流 …………………………………49

第4章　GMによる因果探索の実際 ————————————— 51
4.1　GMを使った成型工程の構造探索 ……………………………51
4.2　共分散選択と独立グラフの作成手順 …………………………53
4.3　成型工程の因果を同定するには ………………………………56
4.4　共分散選択と因果グラフの作成手順 …………………………57
4.5　成型工程の因果探索の進め方 …………………………………58

第5章　SEMの基礎 ————————————————————— 67
5.1　古典的な手法との関係 …………………………………………67
5.1.1　線形回帰分析のパス図表現 …………………………67
5.1.2　因果モデルの分類 ……………………………………69
5.1.3　因子モデルのSEM表現 ………………………………70
5.1.4　探索的因子分析と検証的因子分析 …………………73
5.2　多重指標モデル …………………………………………………75

    5.3 MIMIC モデル ……………………………………………… 77
    5.4 モデリングの作法 …………………………………………… 78
    5.5 変数選択と適合度指標 ……………………………………… 79

第6章　SEM による因果分析の実際 ──────────────── 83
    6.1 因果関係の可視化 …………………………………………… 83
    6.2 潜在因子としての中間特性 ………………………………… 86
    6.3 2つの潜在因子を想定 ……………………………………… 88
    6.4 制御因子と中間特性の性質に留意した SEM ……………… 90

第7章　事例研究 ─────────────────────────── 93
    7.1 IC 工程の因果分析（GM から SEM へ）…………………… 93
        7.1.1 事例概要 ………………………………………………… 93
        7.1.2 因果の想定 ……………………………………………… 94
        7.1.3 有向独立グラフの解析手順 …………………………… 95
        7.1.4 実際の解析 ……………………………………………… 96
        7.1.5 段階的 LRM との関係 ………………………………… 101
        7.1.6 SEM によるパス係数の推定 ………………………… 102
    7.2 出庫量の予測（SEM：等値制約）………………………… 104
        7.2.1 事例概要 ……………………………………………… 104
        7.2.2 SEM の等値制約とモデル選択 ……………………… 105
    7.3 部品調達（SEM：平均構造）……………………………… 110
        7.3.1 事例概要 ……………………………………………… 110
        7.3.2 事前分析 ……………………………………………… 111
        7.3.3 DFM による考察 ……………………………………… 112
        7.3.4 等値制約と平均構造のある SEM …………………… 113
    7.4 従業員満足度の解析（GM＋SEM）……………………… 117

7.4.1	事例概要 ……………………………………………	117
7.4.2	因果仮説の検証 ……………………………………	119

7.5 市販乳パッケージの評価(GM と SEM の融合) ……………… 124

7.5.1	事例概要 ……………………………………………	124
7.5.2	GM による因子の抽出…………………………………	125
7.5.3	GM による因子間構造の探索…………………………	126
7.5.4	統合的な因果モデルの同定 …………………………	128

7.6 潜像形成条件のメカニズム探索(多特性+SEM) ……………… 133

7.6.1	事例概要 ……………………………………………	133
7.6.2	多特性の解析 ………………………………………	134
7.6.3	SEM による因果分析(ダミー変数の導入) ……………	138

参考文献 ………………………………………………………………… 143
索 引 ………………………………………………………………… 145
JUSE-StatWorks/V 5 のご案内 ………………………………………… 147

第1章　統計モデルと因果への接近法

　因果への接近は古来より人類にとっての大きな課題であるが，一方で統一的な接近法が確立しているわけではない．統計分析による接近法は，そのなかでも現実的でかつ有効なものである．JUSE-StatWorks（以下，StatWorks という）「SEM 因果分析編」は，因果への接近のための代表的な統計的手法を搭載したソフトウェアである．本章では，統計的なデータ解析による因果への接近法の概要，および因果探索に必要な道具と作法についての概要を示すとともに，「SEM 因果分析編」の概略の紹介も行う．

1.1　統計的因果分析

1.1.1　はじめに

　統計を学ぶ際に，相関や連関と因果をきちんと区別することを学習する．特にそこで強調される点は，相関や連関がそのまま因果を意味するわけではないことである．しかし，統計分析を行う際の主目的が原因と結果の関係を探索し因果の同定を試みることであることは多い．品質管理の分野においては，特にそうであろう．
　一方で，統計分析の結果としての因果についての言及には注意を払わなければならないことも多い．実験計画にもとづく分析でない場合は特にそうである．最近，情報技術の進展にともない，観察や記録によるデータ収集が容易になるなか，データ分析の重要性は増しているが，このような場合は特に因果への言及には注意を払わなければならない．本節では，統計分析の結果として因果へ

の言及を行う場合の基本的な姿勢やそこへの接近法について解説する．

1.1.2 相関・連関と因果の違い

まず，統計を少しでも学んだことがあれば，「相関関係は必ずしも因果関係を意味しない」ことは理解しているであろう．ただ，このことは調査観察研究が因果関係への接近が不可能であることを意味しているわけではない．

回帰分析の目的は，2つに大別できるであろう．一つは予測で，もう一つは要因分析である．**図表1.1**の散布図を見てほしい．2007年の日本のプロ野球選手の三振数と本塁打数の関係を表した散布図で，正の相関が読み取れる（相関係数は0.64）．

このデータについて，目的変数を「本塁打数」，説明変数を「三振数」として回帰モデルを考えてみよう．結果として(1.1)式の回帰モデルが得られた．

$$[本塁打数] = -7.53 + 0.26 \times [三振数] \tag{1.1}$$

正の相関があり，回帰係数も正の値となった．(1.1)式の解釈であるが，三

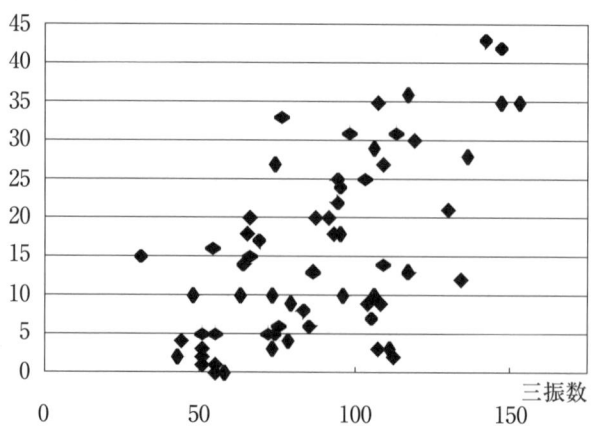

図表1.1 三振数と本塁打数の散布図

振の数からその選手の本塁打数を予測するという必要性があれば，(1.1)式は大いに役に立つであろう．すなわち，目的が予測であれば，この回帰モデルは有用なモデルといえる．

一方，三振と本塁打の関係について考察しているとしよう．本塁打を打つためにはどのようにすればよいかのヒントを，直接このモデルを使って得ることができるであろうか．(1.1)式どおりに解釈すれば，4回三振すれば1本本塁打を打つことができることになるであろう．

しかし，(1.1)式をこのように解釈することが適切でないことは自明であろう．いま，2つの変数の正の相関は事実として観測されており，ここではこのような観測された相関を説明できる統計モデルについて考えたい．目的変数と説明変数を入れ替えることも適切でないことは明らかであろう．

そこで，三振数と本塁打数になぜ正の相関が生じるのかという根本的な理由を考えなければならない．現在データとして観測されている2つの変数に加え，手元にはないが現象を解明するには想定すべきであろうものを考えるのである．すなわち，現象の解明ということを目的として，もう一つここには直接観測されていない変数を想定する．想定すべき変数として，「バットスイングスピード」を考えてみよう．思い切り振り回していれば大きな値をとり，こつこつと当てるように慎重な振り方の場合は小さな値をとるとすれば，このとき図表1.2の上のようなモデルを想定することができるであろう．いま，2つの変数間に直接の因果構造はないが，バットの振り方を無視して考えれば，2つの変数の間に正の相関が表れる．

回帰モデルでは，回帰モデルにおける目的変数の変動を説明変数だけを使って説明することが行われているだけである．回帰モデルは，予測のためには非常に使い勝手が良いモデルであろう．しかし，現象を解明するためのモデルとしての使い勝手の悪さを認識することは重要である．もちろん，品質管理など，現象についての理解が十分進んでおり，仮説検証型のデータ収集が行われている分野では，回帰モデルでも事足りることも事実である．しかしながら，実験計画的なデータの収集が難しく，観察研究による分析に頼らざるをえない場合，

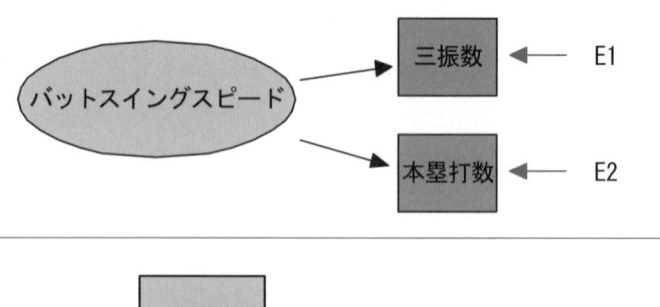

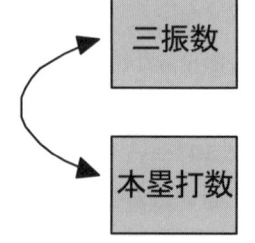

観測変数だけで関係を考えると相関が観測される．

図表1.2 三振数と本塁打数のモデル

回帰分析だけでは不十分であろう．

　なお，このことは線形モデルであるとか非線形モデルであるということと直接的には無関係である．重要なことは，観測されている変数だけでモデル化するのか，観測されない変数を導入して現象をとらえるかの点である．

　星野(2009)『調査観察データの統計科学──因果推論・選択バイアス・データ融合』(岩波書店)では，調査観察研究であっても，「①なるべく多くの共変量について，それらを同時に調査時に測定し，中間変数でないことを吟味したうえで調整を行う，②解析の際にはなるべく仮定の少ない方法を利用する(さらには感度分析などの方法論も積極的に利用する)，③母集団に対する代表性を担保する，という努力を行った結果，それでも因果効果が大きいとされた場合には，十分因果関係に近い関係を導いたと考えるべきである」と指摘している．星野の指摘で重要なことは，調査観察データを活用した分析であっても，一定の条件が満たされれば，因果効果の検討が可能であるという点である．そもそも統計的推論は，数学的推論とは異なり，限定された情報のなかでの推論であ

り，限定された情報下で一定の判断をせざるをえない場合の方法論である．相関関係は必ずしも因果関係を意味しないことには，十分留意しなければならないが，そのことが調査観察データを活用した因果への接近を全面否定することではないことを確認してほしい．

1.2　回帰分析を超えて

　線形回帰分析(Linear Regression Analysis)は，品質管理の分野でも，広く使われている統計手法の一つである．その理由は，予測という要求と結び付いているからであろう．しかし，得られたモデルと技術者が想像していたメカニズムとの間に，違和感が生じる場合が多い．線形回帰モデル(LRM：Linear Regression Model)における偏回帰係数の有意性や符号が現場の直感と合致しないことは，統計的なデータ解析の理解の困難さへとつながっている．その原因となるのが次の2つの課題である．

　①　LRM 内の因果関係に対する疑問
　②　測定データと真値との混同

　これらの違和感を埋めるためには，現象の本質である技術知見との対話のなかで，メカニズムの解明に寄与するデータ解析の過程を整備しなければならない．これは，客観性と知見との融和を意味している．統計的な客観性は，しばしば技術知見を排除する．客観性という名の下で統計量のみによる判断が優先されるからである．例えば，LRM のなかで行われる変数選択では，変数増減法が強く勧められている．変数選択は予測を行うための色彩が強く，因果の過程を正しく反映するとは言い難く，知見のない状況下における一種保守的な方法だと考えるべきである．優れた知見を有している場合には，統計的作法にかかわらず，重要な変数からモデルに取り込みたい欲求に駆られる．それは，知見のない側からすると，統計的な作法を破ることで変数選択の過程が恣意的なご都合主義に見えてしまう．

　だからこそ，統計モデルと技術知見との融和を目指した因果探索の整備，すなわち因果モデリングが重要になる．そのための代表的な道具の一つが構造方

程式モデリング(SEM : Structural Equation Modeling)である．もう一つがグラフィカルモデリング(GM : Graphical Modeling)である．StatWorks には，その両方の手法が組み込まれていて，「SEM 因果分析編」として単独でも販売されている．SEM および GM を有機的に使うことによって，因果関係の探索がより技術知見に合致した論理的な手順を踏むことができるようになる．

SEM および GM については，**第 3 章**以降で詳しく紹介していくが，因果分析の立場から，上記の 2 つの課題を以下のように拡張して，解決に役立てることができる．

❶ LRM では，現象を目的変数と説明変数との関係性という，ただ一つの線形方程式(Single Equation)でモデル化するのに対して，SEM では，技術的な因果関係に沿って作成した連立方程式(Equation System)で表現する．

❷ LRM では，データが測定誤差を含む不確実なものであることが，説明変数側で考慮されない．SEM では，真値を測定した結果データが観測されているという測定モデル(Measurement Model)を導入することが可能である．

SEM は心理学や社会学の領域から生まれた．その生い立ちから，父親に回帰分析，母親に因子分析(Factor Analysis)をもつ万能な手法と評されることがある．品質管理の世界では，因子分析は胡散臭い手法というレッテルを貼られ，活躍の場を失っている．これは潜在変数(Latent Variable)に対する誤った認識から起きた悲劇かも知れない．SEM では潜在変数を組み込む．それを上手に活用することで因果分析が深まる．❶❷の拡張により，SEM や GM がデータ解析の側面からメカニズムの解明にいかに迫ることができるのかを順序立てて紹介したい．

1.3 因果分析の作法

1.3.1 回帰分析による方法

　品質管理のデータ解析に，技術知見を入れ込む方法として，大きく2つのアプローチがある．一つは，メカニズムにもとづいた理論式や経験的な実験式にデータを当てはめるものであり，一般に非線形モデルが好まれる．この場合は，正しいモデルにデータが当てはまっているという表現が行われる．当てはまりの善し悪しは，データの取り方の善し悪しに合致すると考えられている．もう一つがデータの解析的アプローチである．メカニズムや経験的な正しさは曖昧であるが，少なくとも変数間には因果関係や順序関係が読み取れる場合である．ここで，相関関係ではなく，因果関係や順序関係と表現したことに注意されたい．本書では，この種の関係を取り込んだ解析過程，因果探索を扱うことに焦点を当てる．

(1) パス図の作法

　工程では，部品寸法や重量，金型等の温度データなどが得られる．1変数のデータの構造は，本来観測されない真値に計測誤差が加わったものとして表現される．これが最も簡単なデータの構造として，$y = \mu + \varepsilon$ で表せる．これをグラフで表すことを考えてみよう．グラフといっても，通常思い浮かべるようなヒストグラムや散布図などではなく，因果関係を表現する図という意味であり，SEMのなかではパス図とよばれているものである．

　パス図は，図表1.3に示す部品を作法に従ってグラフ化する．図表1.4は基本的なパス図の例であり，図表1.4の上が，最も簡単なデータの構造を表現したものである．パス図の作成には，覚えておくべき作法があるが，基本的な5つの作法を以下に示す．

　① ある観測された変数を長方形で表す．

第1章 統計モデルと因果への接近法

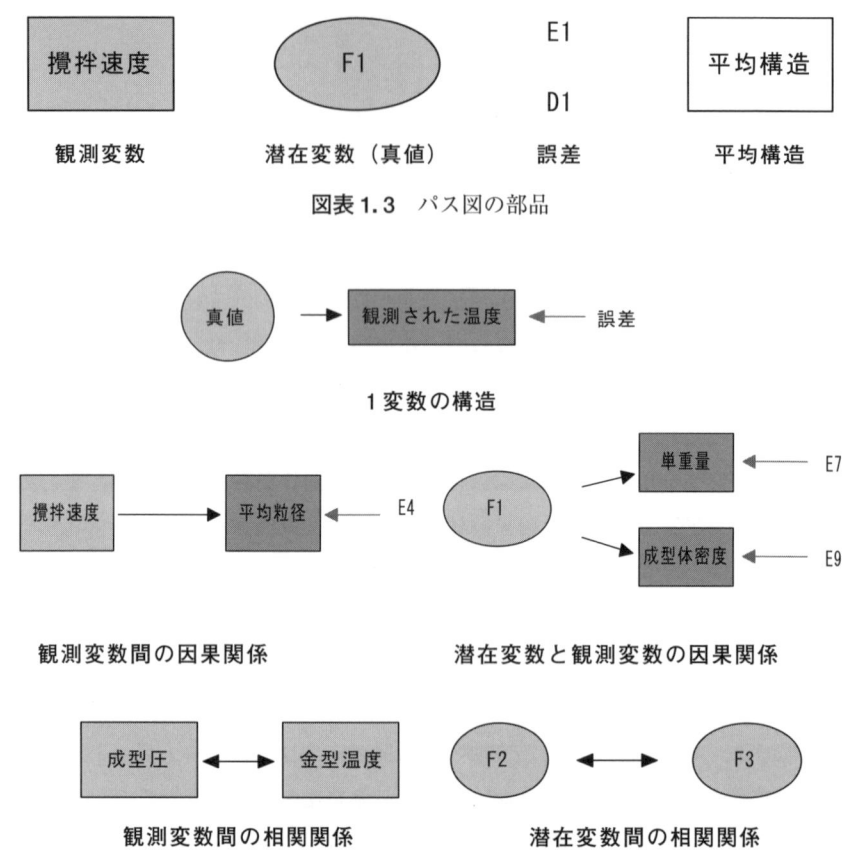

図表1.3 パス図の部品

図表1.4 基本的なパス図の例

② ある観測された変数Yの変動原因となっている他の観測されている変数Xがある場合は，XからYへ矢線を引く．
③ 実際に観測されていない変数，例えば真値は楕円で表す．
④ 観測されていない変数Zが観測された変数Yに影響を与える場合には，Zをグラフ内に記入し，ZからYへ矢線を引く．
⑤ 変数間に，因果関係が明確に示唆できないが，相関関係が予想される場合には，双方向に矢線を引く．

「SEM因果分析編」では，このようなパス図を描画しモデル化する機能が搭載されている．ここでは，回帰モデルによる現象の理解という意味での因果への接近の事例を扱い，「SEM因果分析編」の紹介も行う．

(2) 「SEM因果分析編」の手順

ここでは，ホテルの価格[価格]，部屋の広さ[部屋広さ]，インターチェンジからの距離[IC距離]がデータとして与えられている．

いま3つの変数[価格]，[IC距離]，[部屋広さ]が観測されており，価格についての予測モデルを構築したい．すなわち，

$$[価格] = \beta_0 + \beta_1 \times [IC距離] + \beta_2 \times [部屋広さ] + e \tag{1.2}$$

という重回帰モデルを考える．これを「SEM因果分析編」でモデルを作成し(**図表1.5**)，その推定結果が**図表1.6**となる．

ここで注意が必要なことは，重回帰モデルのパス図において，2つの説明変数[IC距離]と[部屋広さ]に相関が想定されていることである．これは，重回帰分析を行う際にモデル式としては明示されないが，背景としては説明変数間の相関が想定されていることを意味する．

いまここで，現象の理解という意味で，[IC距離]は[価格]に対してどのような影響を与えているかを考えてみたい，とする．相関があることを示すだけ

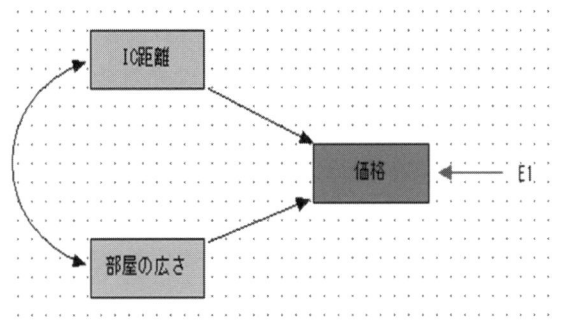

図表1.5 重回帰モデルのパス図

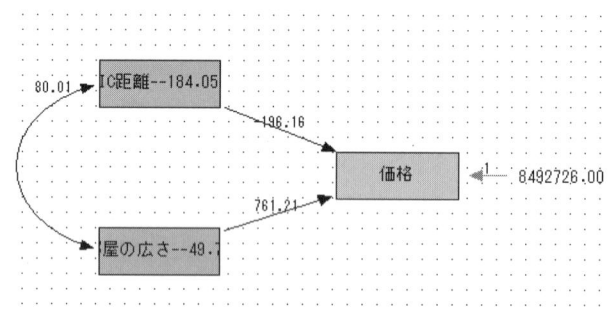

図表 1.6　重回帰モデルの推定結果

では，因果や現象の理解という意味では，まだ十分ではない．そこに，影響の方向性を考えることが現象の理解や因果への接近にとって重要である．ただし，この方向性はデータから発見するのではなく，分析事例についての事前的な知識により設定すべきものである．ここでは，[IC 距離]により[部屋広さ]が変わるという事前的知識をモデルとして採用し分析する．すなわち，

$$[価格] = \beta_0 + \beta_1 \times [\text{IC 距離}] + \beta_2 \times [部屋広さ] + e_1 \tag{1.3}$$

$$[部屋広さ] = \gamma_0 + \gamma_1 \times [\text{IC 距離}] + e_2 \tag{1.4}$$

という連立方程式モデルを考える．パス図は，図表 1.7 となる．その推定結果

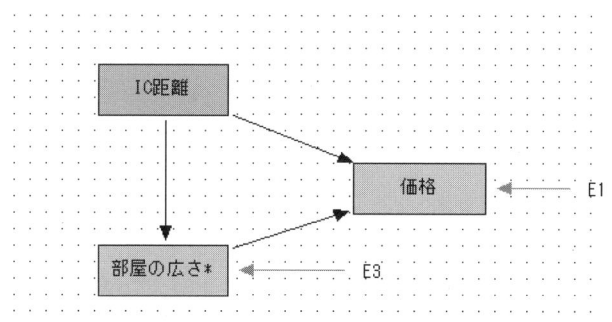

図表 1.7　連立方程式モデルのパス図

出力：推定値（方程式形式）

パラメータ推定値　　非標準解

測定方程式（従属変数が観測変数）

変数名		推定値	変数名		推定値	変数名		推定値	変数名		寄与率
V1　価格	＝	761.20990	部屋の広さ	−	196.15730	IC距離	＋	1.00000	E_価格		0.58536
標準誤差		168.68930			87.66554						
z値		4.51250			−2.23756						
V3　部屋の広さ	＝	0.43473	IC距離	＋	1.00000	E_部屋の広					0.69979
標準誤差		0.06367									
z値		6.82784									

独立変数の分散共分散

変数名	IC距離	E_価格	E_部屋の広
V2　IC距離	184.04760		

図表 1.8　連立方程式モデルの推定結果

は**図表 1.8** である．

ここで，今回の分析の目的である[IC 距離]が[価格]に対する影響をこのモデルを通じて解釈しよう．**図表 1.9** を見てみよう．

[IC 距離]から[価格]へのパスは 2 種類あり，直接効果を**図表 1.9** に，間接効果を**図表 1.10** に表示している．[IC 距離]から[価格]への直接効果は，マイナスであり，[IC 距離]が大きくなると不便になり[価格]は下がると解釈できる．一方，[IC 距離]から[部屋広さ]を介した[価格]への間接効果は，[IC 距離]が大きくなると[部屋広さ]は広くなり(回帰係数がプラス)，その結果として[価格]は高くなる．

総合効果は，直接効果と間接効果を足し合わせたものであり，結果としては

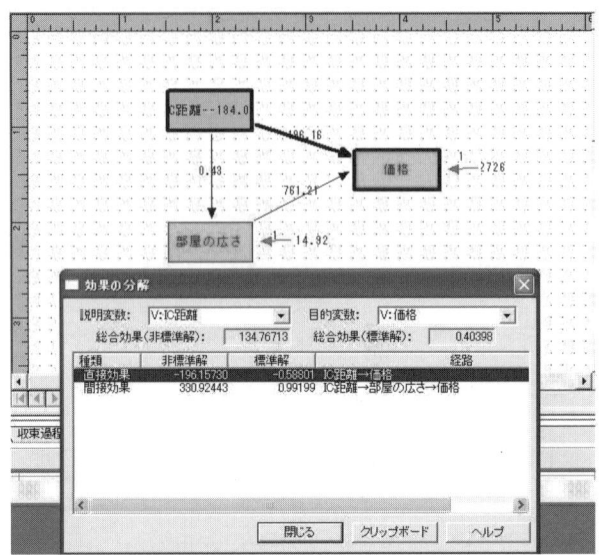

図表 1.9 効果の分解(直接効果)

[IC 距離]が大きくなると[価格]が高くなる．これは単回帰分析を行った結果と同じである．

このような分析からの解釈は単に重回帰分析を行っても見えてこないものであり，相関を積極的に方向性を指定したパスに変えることで現象の理解が進むのである．このような分析を「SEM 因果分析編」では容易に行うことができる．

1.3.2 潜在変数の導入

因子分析(Factor Analysis)では潜在変数である因子の概念が導入される．因子とは，実際にはその変数は観測されないのであるが，複数の観測された結果系の変数の背後に，それらに共通する潜在的な原因を数学的に求める概念である．学力テストを例に因子を説明しよう．学力テストの結果に因果分析を適用すれば，教科間の相関構造から，教科がいくつかのグループに分類できるであろう．例えば，数学・物理・統計が一つのグループとして括れたとすると，そのグループを表す因子を理系能力と評す．歴史・地理・経済のグループが括れ

1.3 因果分析の作法

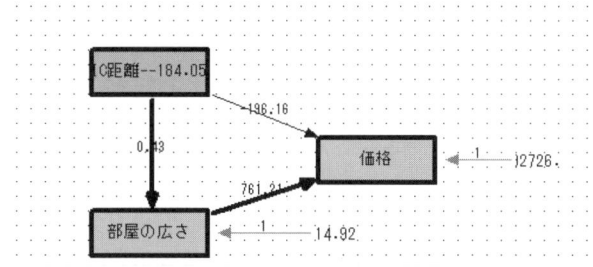

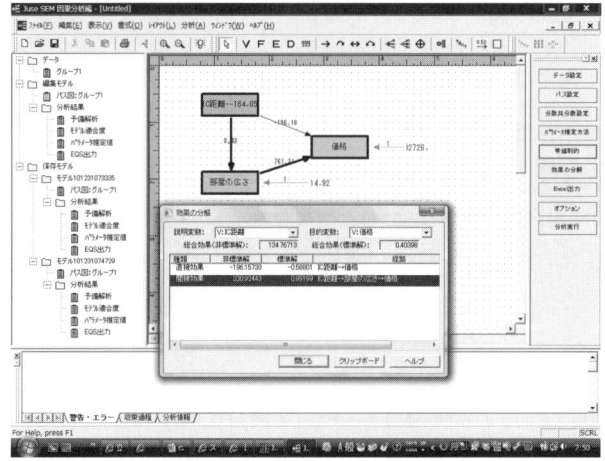

図表 1.10 効果の分解（間接効果）

たなら，それらを表す因子を文系能力と評す．それらをまとめてパス図にすると**図表 1.11**のように表せるかも知れない．理系能力と文系能力との間に双方向の矢線があるのは，両者に相関関係があるとしたモデルを考えたからである．因子分析は探索的な方法と検証的方法に大別されるが，探索的因子分析では変数分類や相関構造の単純化の目的で活用されるが，得られた因子は恣意的に解釈されるだけで，存在自体を立証する手立てがない．

　因果への接近を行う場合に潜在変数を使用する場合は，積極的に因子を導入する検証的因子分析が主となる．これは，最初に概念や直接的な観測が困難なものとして潜在変数を想定し，その潜在変数の測定モデルとして因子分析モデ

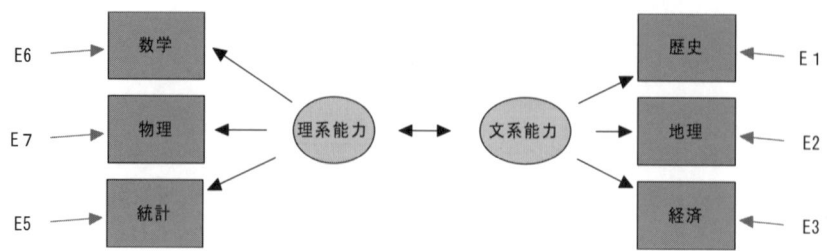

図表 1.11 学力テストの構造

ルを用いる．例えば，学力テストの構造において，最初から［理系能力］を想定し，その能力を測るために 3 つの科目の得点を利用するという考え方である．

品質管理の分析でも，因果関係を念頭に置いて，データが測定されることが多い．原因系が潜在的で測定されないということは不自然であり，恣意的で存在を確認できない因子は気持ちが悪い．しかし，因子を真値と定義すれば話は違う．再び 1 変数のデータ構造を考えてみよう．金型の温度を測定したとする．そのモデルを式で表すと，

$$[観測された金型の温度] = 1 \times [真値] + 1 \times [測定誤差] \qquad (1.5)$$

となる．われわれは，無意識のうちに(1.5)式のような概念を使っている．それは平均を算出する行為に現れている．平均を真値の推定値と考えれば，各データの平均からの差は測定誤差である．そして，誤差も平均も直接観測される値ではない．後から計算されるものである．つまり，誤差も真値も潜在変数の一族なのである．データ 1 つでは誤差と真値とを分解できないので，複数の個数を測定したり，繰り返し測定したりするわけである．

■紙ヘリコプター実験の例

紙ヘリコプターの飛行実験を行ったとする．1 機の紙ヘリコプターを異なる高さから落下させて，その滞空時間を 4 名に測定させた．その結果を**図表 1.12**に示す．目的が落下位置から滞空時間を予測することであるなら，この問題に

図表 1.12 紙ヘリコプターの落下実験結果

落下位置	滞空時間 1	滞空時間 2	滞空時間 3	滞空時間 4
1.500	2.240	2.160	2.140	2.220
2.700	3.260	3.300	3.060	2.940
1.300	1.920	2.190	2.240	2.220
1.600	2.240	2.300	2.070	2.160
2.800	3.370	3.310	3.480	3.430
2.300	2.870	2.760	2.810	2.860
2.200	2.760	2.600	2.900	2.820
1.700	2.250	2.360	2.050	2.130
3.200	3.870	3.690	3.790	3.750
2.100	2.560	2.690	2.740	3.090

LRM を当てはめることができる．それは目的変数に滞空時間，説明変数に落下位置・測定者を考えたモデルになるであろう．変数選択の結果から，落下位置のみが有意となる．測定者間差の効果は誤差に併合され，単なる繰返しとして扱われるだろう．

ところで，落下位置と滞空時間の因果関係の真値，すなわち真の傾きはわからないながら，4 人が測定した滞空時間から計算された傾きの平均を真値の推定値として考えることは自然であろう．基本的な作法に従って，真値を因子 F1 で表したパス図をつくる．SEM による解析では，**図表 1.13** のようなパス図を描き，プログラムを実行するとパス係数とよばれる効果が定量的に計算される．

図表 1.13 のグラフに追記された数値は，標準解のパス係数といわれる値である．LRM の標準偏回帰係数に相当するものである．F1 が真値として解釈したものであり，標準解のパス係数は 1 である．滞空時間 1 のパス係数，すなわち傾きは，$1 \times 0.99 = 0.99$ として求められる．同様に，滞空時間 2 のパス係数は，$1 \times 0.98 = 0.98$ として求められる．わずかではあるが測定者によって傾きが違うことを読み取れる．落下位置と滞空時間の関係は，傾きの真値 1.00 と

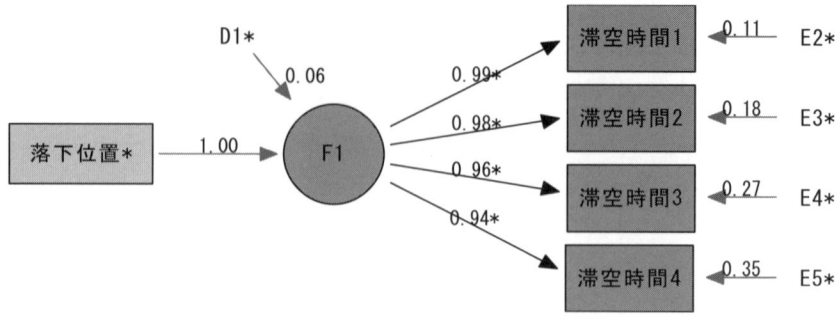

図表 1.13 紙ヘリコプターの落下実験データのパス図

落下位置と真値の LRM の誤差 0.06，4 人の個々の傾き (0.99，0.98，0.96，0.94)，そして個々の測定誤差 (0.11，0.18，0.27，0.35) に分解できたのであり，それぞれの効果が定量化されたのである．

1.4　現実味のある因子分析

変数 X と Y の関係を因果分析の立場で考えると，$X \to Y (Y \to X)$ という因果関係が成立する場合 (図表 1.14 の (a)) と，2 つの変数間に $X \leftrightarrow Y$ という単純な相関関係しか成立しない場合 (図表 1.14 の (b)) がある．2 つの変数に特に明確な関係がないのに相関が生じるということは，背後に真の原因である変数 Z が存在し，$Z \to X$，$Z \to Y$ という関係が成立している場合が多い．このとき，観測されている X，Y は Z の代用特性であるともいえる．このように誤差ではないが，未観測な変数は潜在変数であり因子である．潜在変数あるいは因子を導入して，多変量データの相関構造を説明するモデルを潜在構造モデルという．

詳しくは第 6 章で紹介するが，成型材の工程で因子を活用した例がある．成型材の強度 (Ln(強度)) を保証するために，工程内では成型体の密度 (成型体密度)，成型体の重量 (単重量)，成型体の長さ (成型長) を測定している．強度は破壊試験となるために，ロットから抜き取った完成品を強度計で測定して，合

1.4 現実味のある因子分析

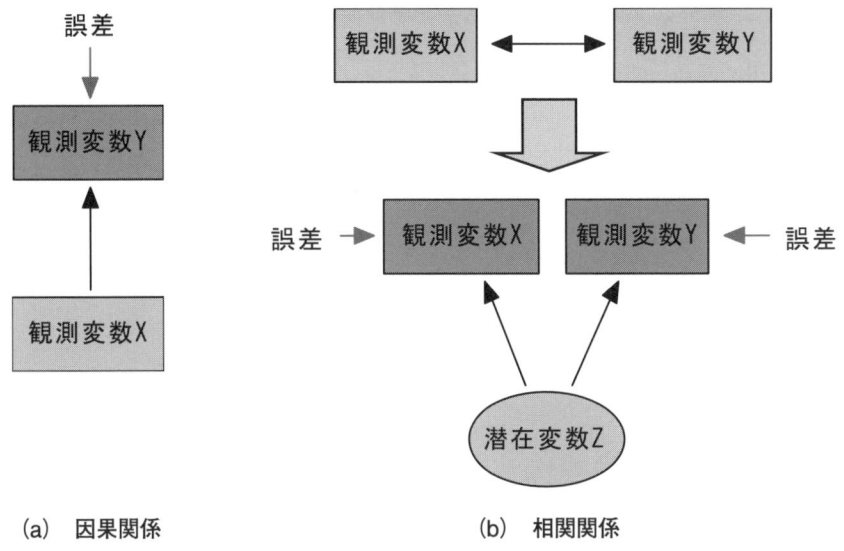

(a) 因果関係　　　　　(b) 相関関係

図表 1.14　因果関係と相関関係

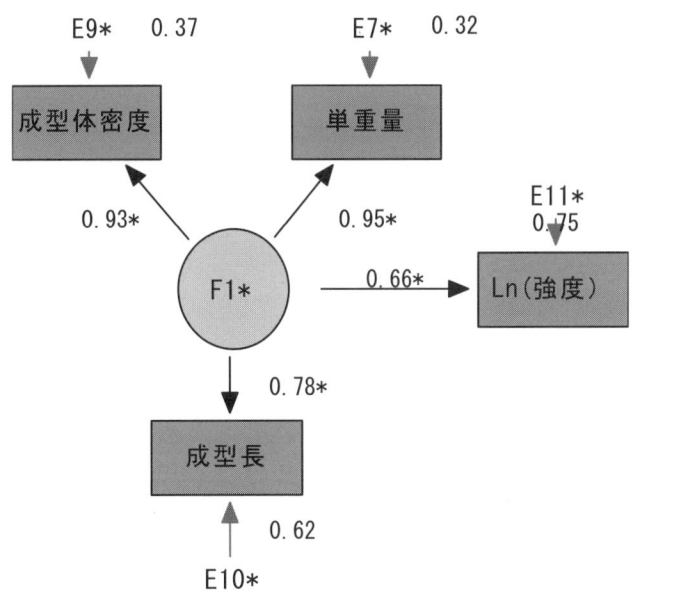

図表 1.15　成型工程の潜在変数

否を判定して出荷している．必要なのは成型体の出来栄え(事例では強度)なのであるが，それは工程内では測れないから，因子F1を導入する(図表1.15)．仮に，強度とF1との因果関係が強固であれば，F1の管理により破壊試験は不要となるかも知れない．このような使い方をすることにより，品質管理の世界でも因子の認定が役に立つ存在となる．

第2章　線形回帰分析による因果への接近

　品質の評価では，明示的あるいは暗示的に，変数間に時間的な順序や工学的な因果が存在する．因果の探索に使われる古典的な方法の一つに，線形回帰モデル(LRM：Linear Regression Model)がある．本章では因果探索という切り口から，工程順序や因果関係に従って段階的にLRMを求めて，それらをつないでいく探索的な方法を事例で紹介する．第1章で示したように出力には，StatWorksの回帰分析の結果とともに，パス図を示し，因果の探索に役立てる．

2.1　因果モデルとしての回帰分析

　回帰分析の目的は，予測と要因分析とに大別できるであろう．本質的に予測だけが問題であれば，現在用いることのできる情報を説明変数にすることでモデルの構築はそう難しいことではない．しかし，要因分析，すなわち，因果への接近を試みる場合には，背景知識を基礎とした変数の取捨選択が重要となる．いうまでもなく因果関係を探索することを主題としたモデルを考えるためには，事例の背景についての理解が必要である．

　図表2.1は，ある成型工場の工程を示したものである．工程の流れに沿って，作業の概要を紹介する．受入検査工程では，他社から購入している主原料と副原料および添加剤を検査している．混合(1)工程では，主原料と副原料を混合させ，母材を作成している．主原料と副原料1ロットに対して，母材が1ロットつくられる．混合(2)工程では，母材に添加剤を混合させ，成型材を作成している．添加剤の量によって，製品の特性が変化する．成型材のロットが製品ロットと考えられ，母材から複数の成型材を作成することができる．成型工程

1. 受入検査   2. 混合(1)   3. 混合(2)   4. 成型   5. 出荷検査
           母材の作成   成型材の作成

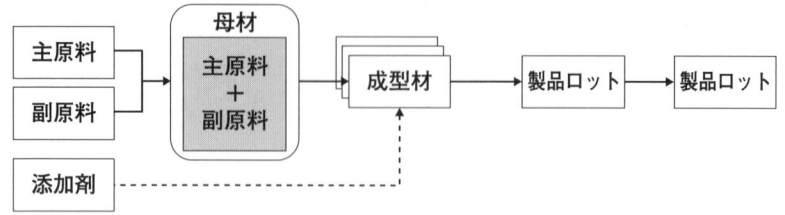

図表 2.1 成型工程の概要

図表 2.2 成型工程で測定される品質データ

データの分類			工程	代表的な測定項目
データ	結果系	品質特性	出荷検査	成型体寸法，強度，磁気特性など
		不良率 (歩留まり)		クラック，カケ，きず，変形，汚れ，色の発生率など
	原因系	中間特性	混合1 混合2 成型	粒度分布,密度,水分量,平均粒度,歩留まりなど 粒度分布,密度,水分量,平均粒度,歩留まりなど 成型体寸法，成型体密度，単重量など
		工程の状態	混合1 混合2 成型	流量，温度など 流量，温度など 金型温度，成型圧，成型速度，金型使用数など
		製造条件 (制御因子)	混合1 混合2 成型	投入量，温度，攪拌速度，待機時間など 混合機,投入量,温度,攪拌速度,待機時間など 成型機,金型温度,成型圧,成型速度,使用金型など
		原料の特性	受入検査	各原料の検査成績データなど

では，材単位で成型が行われている．同一ロットは，同一設備で成型される．出荷検査工程では，成型したものについて，強度などの品質特性は抜取検査が行われ，外観のきずや色などは全数検査が行われる．工場からは，検査で合格したロットのみが出荷される．

図表 2.2 に，この工場における測定データの分類表を示す．工場の出荷検査で，成型品の強度低下が問題となり，原因を探し，改善を行うことになった．工場で起きている現象をモデル化するには，工程データから因果関係を探る必

2.1　因果モデルとしての回帰分析　　　　　　　　　　　　　　　　　　　21

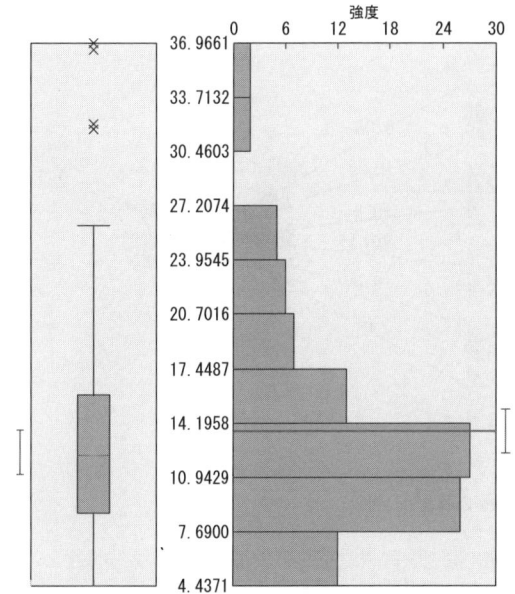

図表 2.3　強度のヒストグラムと箱ひげ図

要がある．改善のために，以下の 6 つの説明変数を取り上げた．説明変数として，強度試験前の中間特性である成型体密度(成型体の密度)・単重量(成型体の重量)・成型長(成型体の寸法)と，工程条件である成型圧・成型速度・金型温度(成型を行う金型の温度)を取り上げる．

　目的変数に使う強度の分布を確認してみよう．**図表 2.3** に示すヒストグラムと箱ひげ図を見てほしい．ヒストグラムからは強度の大きい側に裾を引いていることが確認され，箱ひげ図から強度の大きい側で外れ値が存在していることがわかる．また，**図表 2.3** の右に表記されている正規性(Anderson-Darling)検定の p 値も 0.000 であるから，対数変換したほうがよいだろう．変換後の強度を Ln(強度)と表記する．

　6 つの説明変数すべてを使って，LRM を求めてみよう．そのモデルを，**図表 2.4** に示す．矢線は説明変数から目的変数へ向かっている．矢線は，説明変

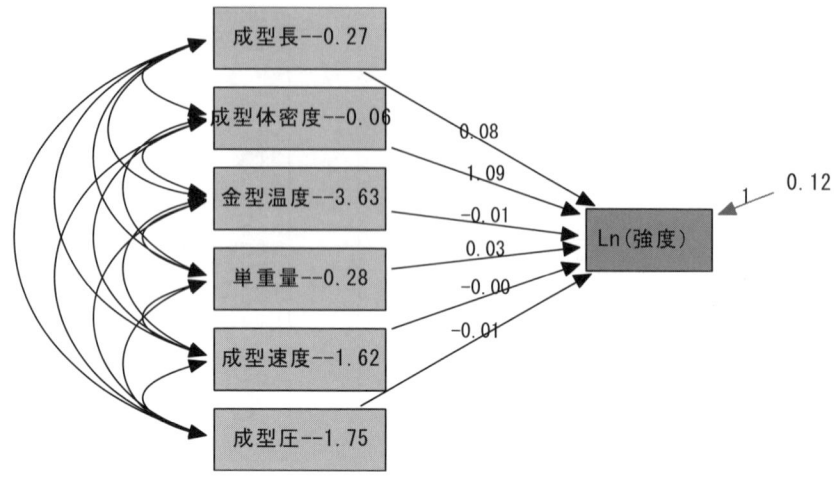

図表 2.4 LRM①

目的変数名	残差平方和	重相関係数	寄与率R^2	R*^2	R**^2	残差自由度	残差標準偏差
Ln(強度)	11.895	0.654	0.427	0.391	0.354	93	0.358

変数名	偏回帰係数	標準誤差	t値	P値(t)	標準偏(t)	トレランス
定数項	-17.483	5.810	-3.009	0.003		
成型長	0.083	0.108	0.771	0.443	0.095	0.407
成型体密度	1.088	0.361	3.012	0.003	0.577	0.168
金型温度	-0.005	0.025	-0.200	0.842	-0.021	0.551
単重量	0.034	0.167	0.201	0.841	0.039	0.165
成型速度	-0.002	0.031	-0.067	0.946	-0.006	0.825
成型圧	-0.009	0.044	-0.208	0.835	-0.026	0.382

図表 2.5 すべての説明変数を用いた結果(LRM①)

数の値を動かすと目的変数の平均値がその影響で変化するという，数学的な因果関係を表している．

　LRMでは，測定された目的変数をモデルで表現できる部分とデータ固有の値として計算された誤差に分解して表す．このため，誤差からも目的変数であるLn(強度)へ矢線が引かれる．誤差は直接観測されるものではないため，他の変数と区別してE1(解析が終わるとE1の代わりに推定値0.12が表示される)で示している．誤差は残差ともよばれる．モデルを数式で表すと(2.1)式となる．なお，b_i ($i = 0, 1, 2, \cdots, 6$) は分析結果から求められる推定値であり，そ

の値を図表2.5に示す.

　図表2.5から求められた LRM ① を使って，Ln(強度)を向上させることを考えたい．成型圧・金型温度・成型速度は，成型設備の設定を変えることにより，Ln(強度)の平均を変化させることができるかも知れない．しかし，それらのp値を見ると，Ln(強度)に与える影響は統計的に有意ではない．一方，高度に有意である成型体密度は中間特性である．中間特性は直接，制御できない変数である．中間特性の値をどう変えればよいのであろうか．

$$\text{Ln(強度)} = (b_0 + b_1 \times 成型体密度 + b_2 \times 単重量 + b_3 \times 成型長 + b_4 \times 成型圧 + b_5 \times 金型温度 + b_6 \times 成型速度) + 誤差 \tag{2.1}$$

2.2　説明変数の取り上げ方

　成型工程の事例に入る前に，団子をつくることを想像してみよう．団子を握る力を強くすればそれだけ，芯の詰まった団子がつくられる．芯が詰まっているということは，密度が高いことを意味している．団子をつくるのと同じで，成型工程において，同じ金型・同じ材料を使えば，成型体密度は成型圧を強くすれば，密になると考えるのが自然である．

　(2.1)式では，成型圧と成型体密度が同じ説明変数として扱われている．成型圧は技術者の意思で動かせる制御因子であるが，成型体密度は成型作業における中間特性である．制御因子と中間特性が混ざったモデルでは，制御因子と中間特性との間で強い相関が生じる可能性がある．このような状況下での変数選択では，中間特性が選択され，制御因子は冗長な変数としてモデルから追い出されることが多い．制御因子と中間特性が混在したモデルでは，制御因子の効果を正しく評価できない．そこで，モデリングの指針として説明変数を，

　　①　課題に対して関連があると思われる中間特性
　　②　課題に対して効果があると思われる制御因子

に分類して，①か②のどちらかから説明変数を選ぶ．くれぐれも①と②を混合

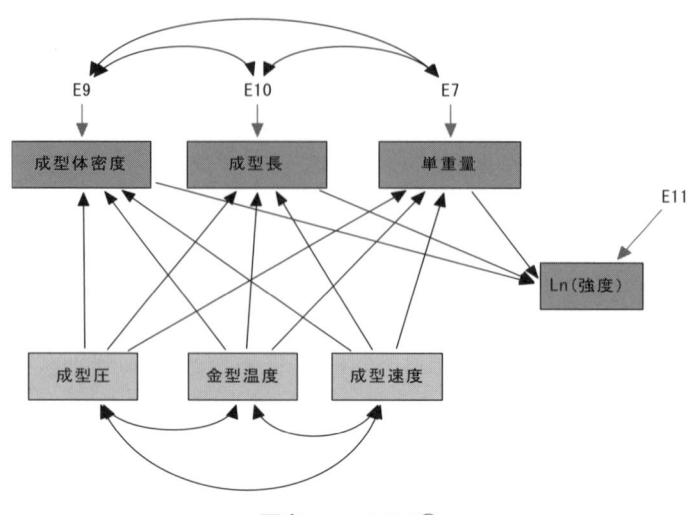

図表 2.6 *LRM*②

した説明変数を用意しないことである．**図表 2.6** は，技術的に強度と説明変数の関係を整理して，モデルを再考したものである．解析は**図表 2.6**に従い，次のように行う．

手順1 Ln(強度)と成型体密度・単重量・成型長の関係を調べる．
手順2 以下の❶，❷に分岐して調べる．
❶ 成型体密度・単重量・成型長が強度と関係が強いときは，成型体密度・単重量・成型長を目的変数として，制御因子との関係を解析する．
❷ 強度と成型体密度・単重量・成型長の関係が弱いときは，Ln(強度)を目的変数，制御因子を説明変数として解析する．

このように，段階的に LRM を繰り返すと，わかりやすく活用できる因果モデルが得られる．因果関係の定性的な階層構造の探索には，特性要因図を使って特性の 4 M 変動(人(Men)，機械(Machines)，材料(Materials)，方法(Methods))に着目することが品質管理では推奨されている．4 M 変動による整理は，改善活動のまとめや発表用にはわかりやすく有用である．しかし，改善中は因果関係で階層構造を考えた因果の連関図が技術的に解釈しやすいだろう．

2.3 逐次モデルによる因果探索

2.3.1 事前分析

解析を行う前に，基本統計量・相関係数・ヒストグラム・散布図などにより，正規性の確認・層別の必要性・外れ値の有無・目的変数と説明変数の線形性などを確認する．そのうえで，技術的な見解とモデルとの差異を調べることが重要である．技術的に目的変数と説明変数の関係を見て，納得がいかない傾向が見つかったならば，その時点でデータの確認や技術的な確認を行うべきである．モニタリングには，ヒストグラムと散布図を一括出力してくれる多変量連関図が便利である．多変量連関図を見ることによって，上記の確認を一度に行うことができる．図表 2.7 に基本統計量，図表 2.8 に相関係数行列，図表 2.9 に多変量連関図を示す．これより散布図にも大きな外れ値がなく，打点に直線性が認められる．

No	変数名	データ数	合計	最小値	最大値	平均値	標準偏差	変動係数	ひずみ	とがり
5	成型圧	100	10501.000	102.000	109.000	105.0100	1.32188	0.0126	0.169	0.187
6	成型速度	100	3571.000	33.000	38.000	35.7100	1.27363	0.0357	0.056	-0.873
7	単重量	100	455.220	3.220	6.050	4.5522	0.53011	0.1165	-0.136	0.357
8	金型温度	100	15387.000	149.000	158.000	153.8700	1.90510	0.0124	-0.302	-0.461
9	成型体密度	100	1969.110	19.080	20.300	19.6911	0.24298	0.0123	-0.140	0.109
10	成型長	100	288.256	1.664	4.064	2.8826	0.52085	0.1807	0.053	-0.187
11	Ln(強度)	100	251.430	1.490	3.610	2.5143	0.45811	0.1822	0.113	-0.153

図表 2.7 成型工程データの基本統計量

サンプル数: 100　　+:|0.6|以上　++:|0.8|以上

No	変数名	成型圧	成型速度	単重量	金型温度	成型体密度	成型長	Ln(強度)
5	成型圧	1.000	0.056	0.591	0.650+	0.706+	0.459	0.433
6	成型速度	0.056	1.000	-0.244	-0.086	-0.102	-0.066	-0.080
7	単重量	0.591	-0.244	1.000	0.485	0.879++	0.757+	0.593
8	金型温度	0.650+	-0.086	0.485	1.000	0.549	0.362	0.332
9	成型体密度	0.706+	-0.102	0.879++	0.549	1.000	0.704+	0.648+
10	成型長	0.459	-0.066	0.757+	0.362	0.704+	1.000	0.511
11	Ln(強度)	0.433	-0.080	0.593	0.332	0.648+	0.511	1.000

図表 2.8 成型工程データの相関係数行列

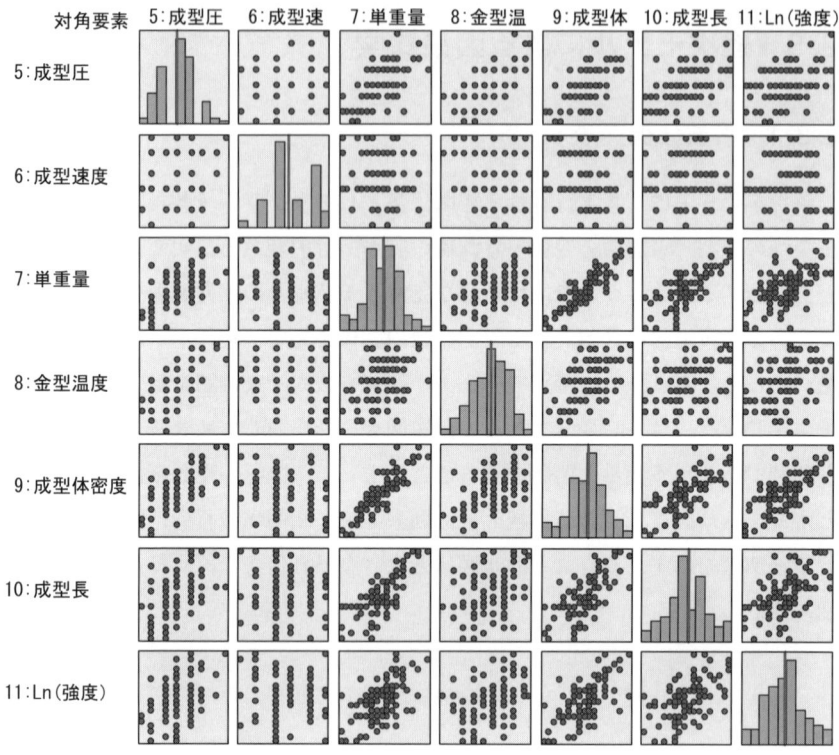

図表 2.9 成型工程データの多変量連関図

2.3.2 LRM における変数選択の指針

　品質データに LRM を適用するためには，すべての説明変数をモデルに取り込んだフルモデルを使うのは冗長であり，好ましいことではない．通常は変数選択が行われる．統計の書物には触れられていないが，手動で変数選択することが好ましい．変数選択では，技術的な考察を第一優先にモデル化するとよい．実務家は問題解決することが主題であって，学術的に身なりの良いモデルをつくることや理論を構築することは副次的な産物である．技術的な優先順位がないときに限り，分散比を見ながら変数選択する．分散比に大きな差が認められ

ないならば，扱いが容易な制御因子を優先してモデルに組み込むとよい．知見がないからこそ，客観的・保守的に，データが語る統計的なルールに従うのである．

2.3.3 中間特性と強度との解析（手順1）

目的変数にLn(強度)を設定し，説明変数に成型体密度・単重量・成型長を設定する．**図表2.10**の下は，各中間特性と強度とのLRMを示している．その状態を表にしたものが上であり，成型体密度の分散比が大きいことがわかる．成型工程の中間検査では，成型体密度を測定するほうが測定ばらつきは小さいことが知られている．

そこで，成型体密度を式に取り込む．すると，**図表2.11**の上に示すように，単重量や成型長の分散比が小さくなった．これは，成型体密度を選択することで，他の説明変数の直接的な説明力が小さくなったのである．強度に直接影響を与えているのは成型体密度であり，他の2つの中間特性は冗長な変数として

	目的変数名	残差平方和	重相関係数	寄与率R^2	R*^2
	Ln(強度)	20.777	0.000	0.000	0.000
		R**^2	残差自由度	残差標準偏差	
		0.000	99	0.458	

vNo	説明変数名	残差平方和	変化量	分散比	偏回帰係数
0	定数項	652.947	632.170	3012.2406	2.514
7	単重量	13.465	-7.311	53.2112	+
9	成型体密度	12.047	-8.730	71.0162	+
10	成型長	15.351	-5.426	34.6412	+

単重量 → Ln(強度) ← E11

成型体密度 → Ln(強度) ← E11

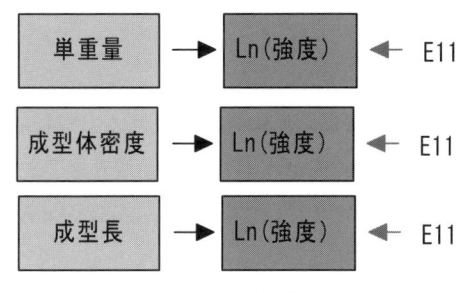

成型長 → Ln(強度) ← E11

図表2.10 変数選択前

	目的変数名	残差平方和	重相関係数	寄与率R^2	R*^2
	Ln(強度)	12.047	0.648	0.420	**0.414**
		R**^2	残差自由度	残差標準偏差	
		0.408	98	0.351	

vNo	説明変数名	残差平方和	変化量	分散比	偏回帰係数
0	定数項	19.047	7.000	56.9434	-21.551
7	単重量	11.997	-0.050	0.4078	+
9	**成型体密度**	20.777	8.730	71.0162	**1.222**
10	成型長	11.924	-0.123	0.9998	+

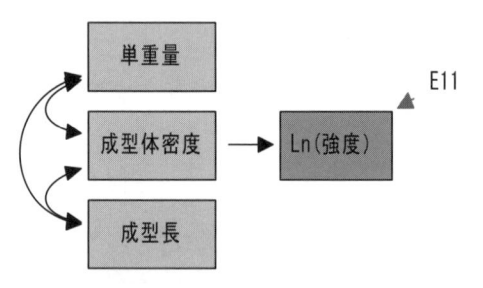

図表 2.11 成型体密度の選択後

扱われることがわかった．図表 2.11 の下はそのときの LRM である．なお，説明変数間には相関関係が設定されていることに注意しよう．つまり，単重量や成型長は成型体密度を介して間接的に強度に影響を与えているモデルなのである．

2.3.4 制御因子と中間特性との解析（手順 2）

今度は，目的変数に成型体密度を設定し，説明変数に成型圧・成型速度・金型温度を設定する．図表 2.12 により，成型体密度に，最も影響を与えているのは成型圧である．これは技術的に見て正しい．また，金型温度が高いとき，密度が高くなることが変数選択画面から読み取れる．成型圧を LRM に取り込むと，図表 2.13 が得られる．成型圧がモデルに取り込まれることにより，金型温度の分散比が下がった．逆に，成型速度は分散比が上がったが，成型圧の分散比に比べるとその値は 1 桁小さい．単純なモデルを求めたいので，あえて成型速度をモデルに取り込まないことにしよう．

2.3 逐次モデルによる因果探索

目的変数名	残差平方和	重相関係数	寄与率R^2	R*^2
成型体密度	5.845	0.000	0.000	0.000
	R**^2	残差自由度	残差標準偏差	
	0.000	99	0.243	

vNo	説明変数名	残差平方和	変化量	分散比	偏回帰係数
0	定数項	38779.787	38773.942	656760.5465	19.691
5	成型圧	2.934	-2.911	97.2123	+
6	成型速度	5.783	-0.061	1.0391	-
8	金型温度	4.081	-1.764	42.3551	+

図表 2.12 変数選択前

目的変数名	残差平方和	重相関係数	寄与率R^2	R*^2
成型体密度	2.934	0.706	0.498	**0.493**
	R**^2	残差自由度	残差標準偏差	
	0.488	98	0.173	

vNo	説明変数名	残差平方和	変化量	分散比	偏回帰係数
0	定数項	3.512	0.578	19.3024	6.070
5	**成型圧**	5.845	2.911	97.2123	**0.130**
6	成型速度	2.816	-0.118	4.0581	-
8	金型温度	2.851	-0.083	2.8174	+

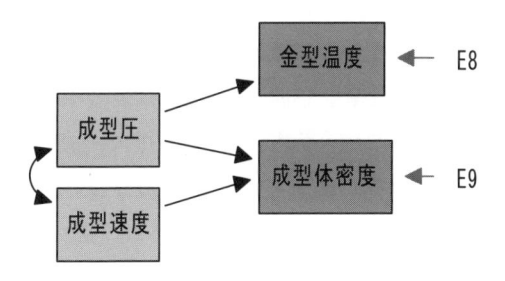

図表 2.13 LRM③に向けた想定

　ところで，金型温度の分散比が下がった理由を技術的に考えたい．成型圧を大きくすると，金型にそれだけストレスがかかる．ストレスがかかれば温度は上がる．金型温度は設備の設定条件で大まかに制御できるが，それ以外に金型自体の温度が上がるのは成型圧の影響も考えられる．金型温度は，成型体密度の原因系と考えて説明変数に取り込んだが，この制御因子は成型圧に従属するものと考えられるかもしれない．また，成型速度と金型温度との影響は**図表**

図表 2.14　*LRM*③

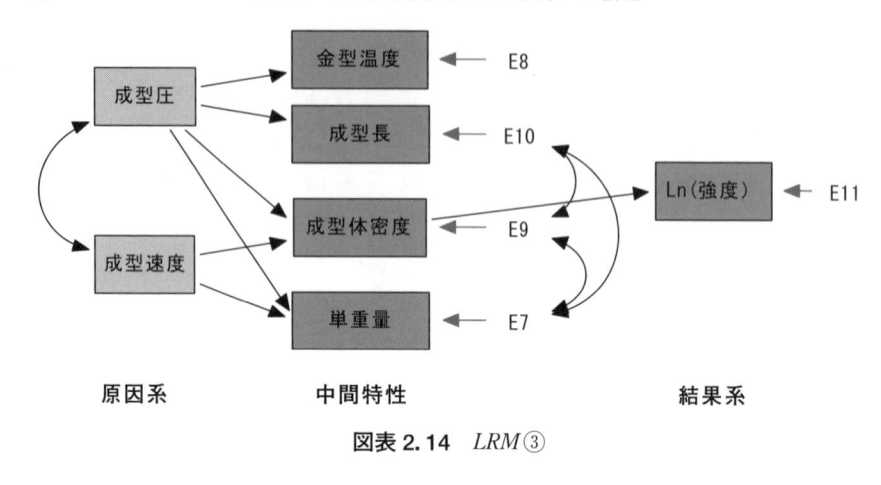

2.8 の相関係数行列から影響が薄いと考えた．技術的には，工程条件内の速度幅であれば金型の温度に影響を与えることは考えにくい．以上の考察から，図表 2.6 のモデルを修正する．

　図表 2.14 は，修正したモデル *LRM*③である．説明変数間の関係については，次のように考えた．成型圧と成型速度が原因系である．両者の相関係数は，0.06 と無相関に近い（図表 2.8 を参照）．工程では両者が無相関になるように制御しているわけではないので，両者の間に双方向の矢線を引いた．

　次に，原因系と中間特性間の関係について検討した．今回の結果から，成型圧から成型体密度への矢線を引いた．変数選択時の技術的な考察により，成型圧から金型温度，成型圧から成型長への矢線を引いた．その妥当性は，別途，回帰分析を行って確認している．先の考察ではモデルに取り込まなかったが，成型速度から成型体密度への矢線をここでは残した．成型圧および成型速度から単重量への矢線は，回帰分析により確認している．

　また，中間特性間との関係である金型温度と成型体密度には，直接的な関係がないとした（図表 2.13 を参照）．成型体密度・単重量・成型長の関係は，手順 1（2.3.3 項を参照）の変数選択の結果から，双方向に矢線を引いた．ただし，その相関は，原因系の変数の影響によるものなのか，そうでないのかはわから

ない.

2.3.5 中間特性と制御因子の解析(手順3)

制御因子である成型圧が何で変化するかを,混合(2)工程のデータで検証する.目的変数に成型圧を,説明変数に水分率と平均粒径をとる.変数選択の結果,図表2.15が得られた.図表2.15の上の表から,R2乗(寄与率R^2と記載)は,0.3程度であまり大きくない.その状態は,左下の予測値と実測値の散布図でも確認できる.

図表2.15の上のブロックに,水分率と平均粒径の偏回帰係数の推定値が示されている.標準誤差は推定値の標準偏差であり,その値から推定精度がわかる.推定値の符号からどのようなことがわかるだろうか.成型圧が高くなるのは水分量が少なく(すなわち材料が硬い),平均粒径が大きいときに発生する.これは道理に合う.では,なぜ水分率がばらつくかを検討したところ,混合機

目的変数名	残差平方和	重相関係数	寄与率R^2	R*^2	R**^2	残差自由度	残差標準偏差
成型圧	114.606	0.581	0.337	0.324	0.310	97	1.087

変数名	偏回帰係数	標準誤差	t値	P値 (両側)	標準偏回帰	トレランス
定数項	50.452	12.112	4.166	0.000		
水分率	-33.593	6.335	-5.303	0.000	-0.441	0.987
平均粒径	1.561	0.301	5.194	0.000	0.432	0.987

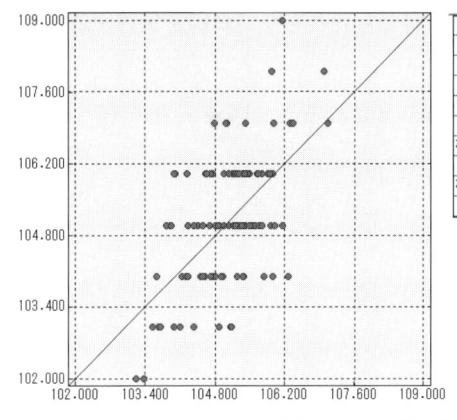

変数名	X軸 予測値	Y軸 実測値
データ数	100	100
最小値	103.220	102.000
最大値	107.056	109.000
平均値	105.010	105.010
標準偏差	0.768	1.322
相関係数	0.581	
寄与率	0.337	

図表2.15 線形回帰分析の結果

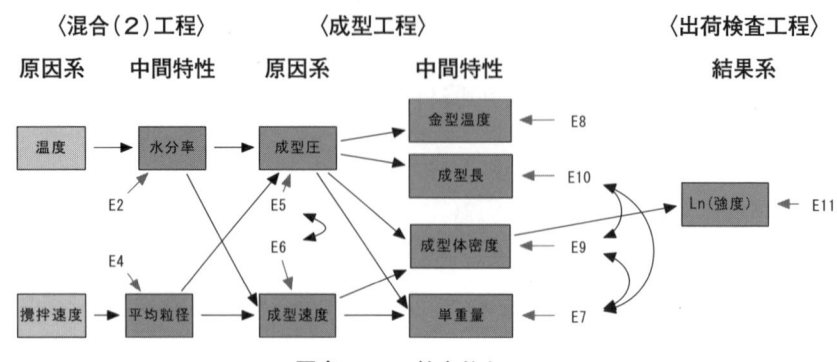

⟨混合(2)工程⟩　　　　⟨成型工程⟩　　　　　　　　⟨出荷検査工程⟩
原因系　中間特性　　原因系　　中間特性　　　　　　　結果系

図表 2.16 統合的な LRM

の温度が原因であることがわかった．そこで，温度がばらつくことに関して調査した結果，次のことが判明した．

- 温度を測るための熱電対の設置方法が悪く，温度が正しく測られていない．
- 温度コントロールをするためのヒーターに能力がない．

　適切な温度測定を行うために，製造技術部が対策を行い，ヒーターの能力向上は生産技術部が対応を図ることが決まった．平均粒径に関しては，材料の攪拌速度が落ちると平均粒径が大きくなる傾向があることがデータから確認できた．攪拌速度の低下は母材のばらつきに起因していることがわかったが，母材管理は難しいので，攪拌速度はどんな材料でも変わらない制御を実施することにした．

　いままで検討してきた段階的な LRM をまとめると，**図表 2.16** の統合的な探索モデルが完成する．

第3章 GMの基礎

多変量解析の一つであるグラフィカルモデリング(GM：Graphical Modeling)は，グラフで表される確率モデルであり，変数間の対称関係や因果関係をグラフによって簡潔に表現できる方法である．その理論は，多変量正規分布の共分散選択モデルにもとづいており，モデルの考え方は決して困難なものではない．しかし，実際の解析には専用のソフトウェアが必要である．日本では宮川・芳賀(1997)によってDOS版のソフトウェアが開発され，それを発展させた廣野(2002)のWindows版のソフトウェアによって，いろいろな分野でGMの事例が発表された．それらの遺産を引き継いだ形で，StatWorksに待望のGMのソフトウェア(2006)が追加された．本章では，GMを正しく活用するための基礎的な概念と知識をコンパクトに紹介する．

3.1 疑似相関と偏相関

3.1.1 疑似相関

IC工程では，電気抵抗 A と B が重要な品質特性である．A と B は，工程条件である焼成温度と物理的な関係があることが知られている．オフラインで焼成温度を3水準に振ったときの A と B の様子を調べた．**図表3.1**は，そのときの多変量連関図である．これより，焼成温度と電気抵抗 A と B の間に直線的関係が読み取れる．これは，物理的な知見どおりである．

3変数に関する相関係数を，行列の形で**図表3.2**に示す．数値から変数間には，いずれも強い相関があることがわかる．**図表3.2**の相関係数行列からわか

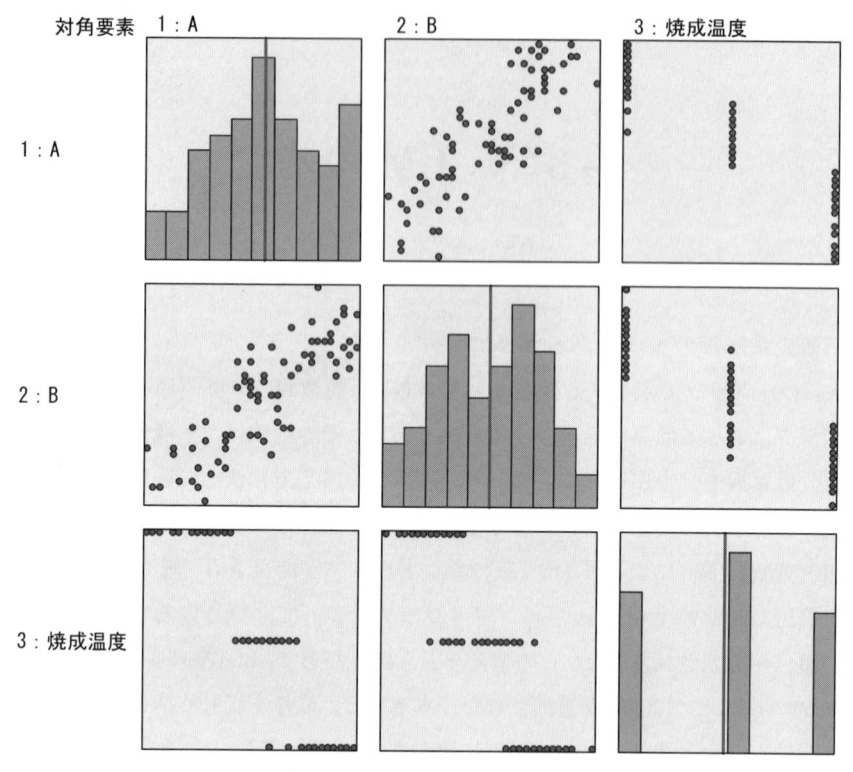

図表 3.1 IC 工程の多変量連関図

図表 3.2 IC 工程の相関係数行列

$$\begin{array}{c c c c} & A & B & 焼成温度 \\ A & \begin{pmatrix} 1.000 & 0.826 & -0.925 \\ B & 0.826 & 1.000 & -0.887 \\ 焼成温度 & -0.925 & -0.887 & 1.000 \end{pmatrix} \end{array}$$

るように,右上三角部分の値と左下三角部分の値は同じなので,今後は右上三角部分を省略して表す.焼成温度の水準値を使って回帰分析を行う.得られた線形回帰モデル(LRM:Linear Regression Model)を(3.1)式および(3.2)式で表

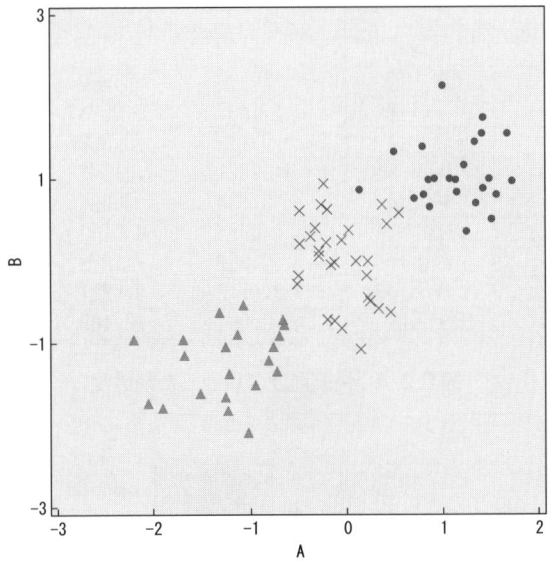

図表 3.3 層別散布図

す．ここで，両式の係数は標準回帰係数を用いる．

$$A = -0.925 \times 焼成温度 \quad R^2 = 0.856 \quad 残差標準偏差 0.382 \quad (3.1)$$
$$B = -0.887 \times 焼成温度 \quad R^2 = 0.787 \quad 残差標準偏差 0.465 \quad (3.2)$$

焼成温度の影響により A と B の変動の多くが説明できそうである．言い換えると，A と B は焼成温度により制御可能である．今度は，焼成温度の水準で層別した A と B の散布図を図表 3.3 に示す．これより焼成温度の水準ごとの相関関係は非常に小さいように見える．そこで，層別された統計量を求めると図表 3.4 に示した値となる．層別した 3 つの相関係数は，$0.05\,(n_1 = 24)$，$-0.19\,(n_2 = 30)$，$0.26\,(n_3 = 21)$ と非常に小さくなり，無相関の検定では，いずれも $p_1 = 0.81$，$p_2 = 0.32$，$p_3 = 0.25$ と，5% 有意ではない．

そこで，モデルでは，焼成温度の水準で層別した A と B は無相関であるとする．言い換えれば，A と B の強い正相関は焼成温度の影響(すなわち，焼成

		水準1	水準2	水準3
1	データ数	24	30	21
2	X最大値	1.728	0.552	-0.644
3	X平均値	1.1437	-0.0526	-1.2318
4	X最小値	0.137	-0.508	-2.207
5	X標準偏差	0.39021	0.31042	0.46705
6	Y最大値	2.134	0.934	-0.540
7	Y平均値	1.0584	0.0107	-1.2248
8	Y最小値	0.352	-1.073	-2.093
9	Y標準偏差	0.4113	0.5211	0.4385
10	相関係数	0.053	-0.188	0.260

図表 3.4 焼成温度で層別した統計量

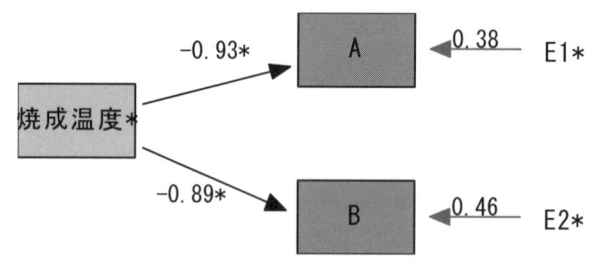

図表 3.5 疑似相関モデル

温度の値が変化することにより，A も B も連動して変化する) で生じていたのかも知れない．このように，本来，関連のない 2 つの特性が，別の要因を介して生じた相関を，疑似相関という．標本として得られた値から計算した相関係数は 0 ではないが，その値は 0 に十分近いので，モデルでは無相関と考えたい．焼成温度に起因する A と B のモデルをグラフで表現すると**図表 3.5** になる．グラフの数値は標準回帰係数である．グラフにおける誤差とは，焼成温度に影響を受けない部分を意味しているから，層別後の A と B の変動である．層別後は相関関係がないとしたから，誤差間には線が引かれない．層別しても相関が残った場合は，グラフの誤差間の相関関係を表すために双方向の矢線を引く．双方向の矢線は，両者に因果関係のないことを意味している．

図表 3.5 のモデルで示した疑似相関の関係は，正規分布の理論の下では，焼成温度を与えたときの A と B とは条件付き独立であるということと同じ意味である．これを式で表すと，

$$A \perp B \mid 焼成温度 \tag{3.3}$$

となる．(3.3)式は LRM から考察したモデルであって，厳密にいうと得られた標本の構造を表しているものではないことに注意しよう．

3.1.2 偏相関

疑似相関が存在するかも知れないような状況では，2 つの変数 x_1 と x_2 との間の実質的な相関関係を考える必要がある．これは第 3 の変数 x_3 の影響を取り除いたときの，x_1 と x_2 との相関関係である．このような概念を偏相関という．その大きさを定量的に表すものとして偏相関係数がある．偏相関係数を理解するために，LRM を利用する．

まず，x_1 を目的変数，x_3 を説明変数としたときの LRM の誤差を u とする．u は x_3 によって説明できない，x_1 の部分を表している．すなわち，u は x_1 から x_3 の影響を取り除いたものである．

$$回帰式：\hat{x}_1 = a_0 + a_1 x_3 \tag{3.4}$$

$$誤\ \ 差：u = x_1 - \hat{x}_1 = x_1 - a_0 - a_1 x_3 \tag{3.5}$$

次に，x_2 を目的変数，x_3 を説明変数としたときの LRM の誤差を v とする．v は u と同様に，x_2 から x_3 の影響を取り除いたものである．

$$回帰式：\hat{x}_2 = b_0 + b_1 x_3 \tag{3.6}$$

$$誤\ \ 差：v = x_2 - \hat{x}_2 = x_2 - b_0 - b_1 x_3 \tag{3.7}$$

こうしてつくられた u と v との相関係数は，x_3 を与えたときの，x_1 と x_2 との偏相関係数である．これを記号 $r_{12 \cdot 3}$ で表す．図表 3.2 の相関係数行列に誤差 R_A，R_B を変数に加えた，相関係数行列を図表 3.6 に示す．誤差どうし

図表 3.6 2つの誤差を加えた相関係数行列

	A	B	焼成温度	R_A	R_B
A	1.000				
B	0.826	1.000			
焼成温度	-0.925	-0.887	1.000		
R_A	0.380	0.013	0.000	1.000	
R_B	0.011	0.462	0.000	0.028	1.000

の相関係数，すなわち A と B の偏相関係数は 0.028 となり，ほぼ 0 であることがわかる．

モデルとして，A と B の母偏相関係数を 0 と置けば，**図表 3.5** のグラフに対応する．ところで，3 変数の場合には線形回帰分析を 2 度行い，誤差を求める必要はなく，次式により偏相関係数を求めることができる．

$$r_{12\bullet 3} = \frac{r_{12} - r_{13}r_{23}}{\sqrt{(1-r_{13}^2)(1-r_{23}^2)}} \tag{3.8}$$

(3.8) 式により偏相関係数を計算してみる．添え字の煩雑さを防ぐ意味で，A を変数 1，B を変数 2，焼成温度を変数 3 と置き換える．(3.8) 式より，(3.9) 式の値が求められる．

$$\begin{aligned}
r_{12\bullet 3} &= \frac{r_{12} - r_{13}r_{23}}{\sqrt{(1-r_{13}^2)(1-r_{23}^2)}} = \frac{0.826 - (-0.925) \times (-0.887)}{\sqrt{\{1-(-0.925)^2\}\{1-(-0.887)^2\}}} = 0.028 \\
r_{13\bullet 2} &= \frac{r_{13} - r_{12}r_{23}}{\sqrt{(1-r_{12}^2)(1-r_{23}^2)}} = \frac{-0.925 - 0.826 \times (-0.887)}{\sqrt{(1-0.826^2)\{1-(-0.887)^2\}}} = -0.740 \\
r_{23\bullet 1} &= \frac{r_{23} - r_{12}r_{13}}{\sqrt{(1-r_{12}^2)(1-r_{13}^2)}} = \frac{-0.887 - 0.826 \times (-0.925)}{\sqrt{(1-0.826^2)\{1-(-0.925)^2\}}} = -0.575
\end{aligned} \tag{3.9}$$

これらの偏相関係数を次のように，整理して行列にしたものを偏相関係数行列という．

$$\mathbf{P} = \begin{pmatrix} - & & \\ r_{12\bullet 3} & - & \\ r_{13\bullet 2} & r_{23\bullet 1} & - \end{pmatrix} = \begin{pmatrix} - & & \\ 0.028 & - & \\ -0.740 & -0.575 & - \end{pmatrix} \tag{3.10}$$

この場合も $r_{12\bullet 3} = r_{21\bullet 3}$ が成り立つので，対角線の下側だけを表示する．相関係数行列と区別するために(3.10)式では，対角要素を"−"とした．

(3.10)式において，A と B の偏相関係数は $r_{12\bullet 3} = 0.028$ でほぼ0である．そこで，この値を0として，母偏相関係数の推定値と考えてもよいだろう．モデルの当てはまりの良さを測る方法については後述するが，**図表3.7** の左にもとづいて右を推定することは，抵抗なく受け入れられるであろう．

変数が3つを超える場合には(3.8)式が使えないが，LRM の残差どうしの相関係数を偏相関係数とする考え方は成り立ち，偏相関係数は，$\mathbf{R}$ の逆行列より $\mathbf{P}$ を求めて計算できる．すなわち，相関係数行列 $\mathbf{R} = (r_{ij})$ とするとき，その逆行列を $\mathbf{R}^{-1} = (r^{ij})$（逆行列では添え字を上付きにする）とすれば，$x_i$ と x_j 以外のすべての変数を与えたときの x_i と x_j の偏相関係数は，

$$r_{ij\bullet rest} = -\frac{r^{ij}}{\sqrt{r^{ii} r^{jj}}} \tag{3.11}$$

となる（rest は残りの変数という意味）．したがって，逆行列の対応する要素を2つの対角要素の平方根で割って基準化し，かつ符号を反転するとよい．また，$r_{ii\bullet rest}$ を便宜的に −1 とする．

逆に偏相関係数行列から，相関係数行列を求めることもできる．まず，$\mathbf{P}$ にマイナスを付けて，対角要素は 1.00 とする．次に，$-\mathbf{P}$ の逆行列を計算する．$-\mathbf{P}$ に対応する対角要素の平方根で割って基準化することで，相関係数 r_{ij} が求められる．

図表3.7 偏相関係数から母偏相関係数を推定する

$$\mathbf{P} = \begin{pmatrix} - & & \\ 0.028 & - & \\ -0.740 & -0.575 & - \end{pmatrix} \Rightarrow \hat{\mathbf{\Lambda}} = \begin{pmatrix} - & & \\ 0.000 & - & \\ -0.740 & -0.575 & - \end{pmatrix}$$

3.2 GM の基本的なルール

3.2.1 グラフィカルなモデルの表現

GM は，多変量データの関連構造を表す統計モデルをグラフによって表現する方法である(図表 3.8)．グラフは頂点とこれを結ぶ線で構成される．頂点は変数を表し，線は変数間の直線的な関連を意味する．線には向きのある矢線と向きのない線がある．矢線は因果的関連を，線は対称的関連を示す．GM のグラフは，変数に関する知識とは無関係に，データが保有する関連情報を相関係数にもとづいて統計的につくられる．作成されたグラフを専門知識，先見情報に照らし合わせ，モデルの修正を加えることで現象への理解が深まるとともに，新たな課題が発見できるであろう．GM のグラフでは，2 つの変数を結ぶ線の有無が，条件付き独立(すなわち，偏相関係数が 0)という客観的基準で決められる．そのため，得られるグラフは独立グラフとよばれる．条件付き独立にもとづいていることから，変数間の構造を局所的，あるいは大局的に表現できる．

なお，LRM でのグラフ表現ではモデルの性格から誤差変数を用いたが，GM でのグラフ表現では誤差変数を用いていないことに注意しよう．

3.2.2 独立グラフ

多次元正規分布では，無相関と独立とは同値である．例えば，パラメータ $\rho_{12\cdot 3}=0$ と，モデル $x_1 \perp x_2 | x_3$，すなわち，x_3 を与えたときの x_1 と x_2 とは条件付き独立は同じ意味である．GM では，多次元正規分布を仮定した下で，条件

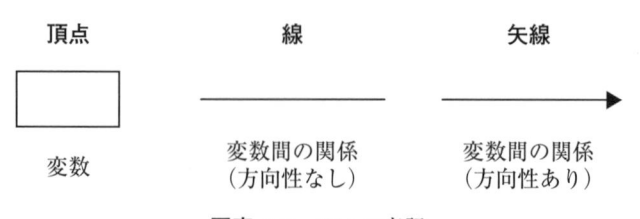

頂点	線	矢線
□	———	———→
変数	変数間の関係 (方向性なし)	変数間の関係 (方向性あり)

図表 3.8 GM の表記

図表 3.9 母相関係数，対応する母偏相関係数と独立グラフの例

$$\mathbf{\Pi} = \begin{pmatrix} 1.00 & & & \\ 0.80 & 1.00 & & \\ 0.80 & 0.64 & 1.00 & \\ 0.80 & 0.64 & 0.64 & 1.00 \end{pmatrix} \quad \mathbf{\Lambda} = \begin{pmatrix} - & & & \\ 0.53 & - & & \\ 0.53 & 0 & - & \\ 0.53 & 0 & 0 & - \end{pmatrix}$$

（独立グラフ：2—1，1—3，1—4）

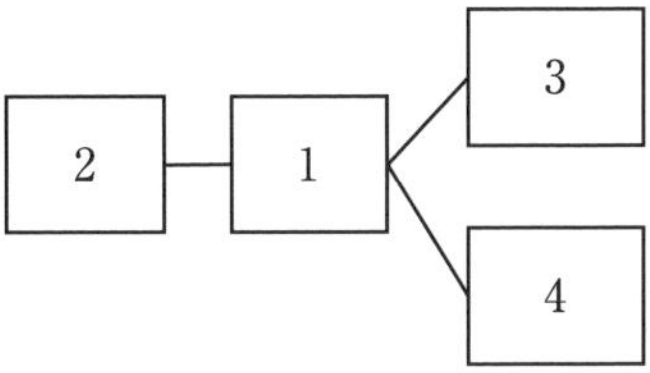

付き独立の関係を独立グラフで表現する方法である．**図表 3.9** は，母相関係数行列 $\mathbf{\Pi}$，それに対応する母偏相関係数行列 $\mathbf{\Lambda}$ と独立グラフの例である．独立グラフは，変数を表す頂点と線で表現する．もしも，$\rho_{ij \bullet rest} = 0$ ならば，2つの頂点を線で結ばない．逆に $\rho_{ij \bullet rest} \neq 0$ ならば，2つの頂点を線で結ぶ．

3.2.3　共分散選択

IC 工程データ $n = 75$ の標本から計算した標本相関係数行列は，

$$\mathbf{R} = \begin{pmatrix} 1.000 & & \\ r_{12} & 1.000 & \\ r_{13} & r_{23} & 1.000 \end{pmatrix} = \begin{pmatrix} 1.000 & & \\ 0.826 & 1.000 & \\ -0.925 & -0.887 & 1.000 \end{pmatrix} \tag{3.12}$$

であった．このとき標本誤差を考慮し，

$$r_{13} r_{23} = (-0.925) \times (-0.887) = 0.8205 \approx r_{12} = 0.826 \tag{3.13}$$

であると考えて，母相関係数を

$$\rho_{13} \rho_{23} = \rho_{12} \Leftrightarrow \rho_{12 \bullet 3} = 0 \tag{3.14}$$

と推定してもよいだろう．このように，偏相関係数のいくつかを0と置いた相関構造モデルを採用するアプローチを，共分散選択という．偏相関係数は，相関係数行列 $\mathbf{R}$ の逆行列 $\mathbf{R}^{-1}$ を求めて，対角要素による基準化を行い，かつ-1を掛けることで得られた．つまり，偏相関係数が0であるとは，相関係数行列の逆行列の対応する要素が0であることである．(3.12)式の偏相関係数行列を求めると，

$$\mathbf{P} = \begin{pmatrix} - & & \\ r_{12\cdot 3} & - & \\ r_{13\cdot 2} & r_{23\cdot 1} & - \end{pmatrix} = \begin{pmatrix} - & & \\ 0.028 & - & \\ -0.740 & -0.575 & - \end{pmatrix} \quad (3.15)$$

となる．ここで，$r_{12\cdot 3}$ は 0.028 と小さいので，母偏相関係数を $\rho_{12\cdot 3} = 0$ とした相関構造モデルを採用する．問題は，そのときに他のパラメータがどのように変化するかである．共分散選択の開発者であるデンプスターによれば，次のことを満たさなければならない．

① x_1 と x_2 は制約により 0 である．

② 制約のない，(x_1, x_3), (x_2, x_3) の相関係数は，それぞれ元のままである．

これを解くには，繰返し計算による特別なアルゴリズムが必要である．

IC 工程データから離れて，人工的な 5 変数の相関係数行列で考える．**図表 3.10** の左が相関係数行列，真ん中がその逆行列，右が偏相関係数行列である．いずれも標本から得られたものとする．これを出発点とする．偏相関係数行列のなかで絶対値最小に＊印を付けている．ここでは，(1, 5)要素がそれにあたる．そこで，これを 0 と置き，−1 を掛けたものが**図表 3.11** の左である．

制約をつけないで，**図表 3.11** の左から母相関係数を推定すると右が得られる．これでは，(1, 5)要素以外の値も変化してしまう．(1, 5)要素のみ動かすには，以下の計算を行う．

$$\hat{\rho}_{51} = r_{51} + \frac{r^{51}}{r^{11}r^{55} - (r^{51})^2} = 0.27 + \frac{-0.05}{1.69 \times 1.42 - (-0.05)^2} = 0.25 \quad (3.16)$$

ここで，r の上付き添え字の数字は，**図表 3.10** 真ん中の $\mathbf{R}_0^{-1}$ の要素に対応している．

図表 3.12 の左が，(1, 5)要素のみを 0.27 から 0.25 に置き換えたもので，それから計算された母偏相関係数の推定値が**図表 3.12** の右である．これから，$\hat{\mathbf{\Lambda}}_1$ の絶対値最小である(2, 5)要素を 0 と置いて，母相関係数を推定するには，(3.16)式と同じように計算する．すなわち，

3.2 GM の基本的なルール

$$\hat{\rho}_{52} = r_{52} + \frac{r^{52}}{r^{22}r^{55}-(r^{52})^2} = 0.18 + \frac{0.03}{1.69 \times 1.42 - (0.03)^2} = 0.19 \quad (3.17)$$

である．**図表 3.13** は，(2, 5) 要素を 0.19 に置き換えたステップ 2 の結果である．

図表 3.13 の右の (1, 5) 要素は -0.01 とほぼ 0 であるが，もしも規定した判定値よりも大きければ，(3.16) 式および (3.17) 式を使って (1, 5)，(2, 5) 要素が判定値より小さくなるまで反復計算する．

以下同様に，絶対値最小となった偏相関係数を 0 と置き，先に 0 と置いた要素の絶対値が判定値よりも小さくなるように反復計算を行いながら共分散選択していく．

GM は，標本相関係数行列から計算した偏相関係数行列を FM（フルモデル），すなわちいずれの 2 変数間の関係にも条件付き独立性を示すものはないとして，共分散選択により，偏相関係数の絶対値最小の要素を 0 として逐次的にモデル

図表 3.10 出発点

$$\mathbf{R}_0 \begin{pmatrix} 1.00 & & & & \\ 0.56 & 1.00 & & & \\ 0.42 & 0.57 & 1.00 & & \\ 0.43 & 0.29 & 0.17 & 1.00 & \\ 0.27 & 0.18 & 0.16 & 0.54 & 1.00 \end{pmatrix} \Rightarrow \mathbf{R}_0^{-1} \begin{pmatrix} 1.69 & & & & \\ -0.66 & 1.83 & & & \\ -0.25 & -0.75 & 1.53 & & \\ -0.47 & -0.15 & 0.12 & 1.62 & \\ -0.05 & 0.05 & -0.11 & -0.74 & 1.42 \end{pmatrix} \Rightarrow \mathbf{P}_0 \begin{pmatrix} - & & & & \\ 0.38 & - & & & \\ 0.15 & 0.45 & - & & \\ 0.28 & 0.08 & -0.08 & - & \\ 0.03^* & -0.03 & 0.07 & 0.49 & - \end{pmatrix}$$

図表 3.11 相関係数行列の推定

$$-\hat{\mathbf{\Lambda}}_1 \begin{pmatrix} 1.00 & & & & \\ -0.38 & 1.00 & & & \\ -0.15 & -0.45 & 1.00 & & \\ -0.28 & -0.08 & 0.08 & 1.00 & \\ 0.00 & 0.03 & -0.07 & -0.49 & 1.00 \end{pmatrix} \Rightarrow (-\hat{\mathbf{\Lambda}}_1)^{-1} \begin{pmatrix} 1.64 & & & & \\ 0.96 & 1.82 & & & \\ 0.65 & 0.94 & 1.52 & & \\ 0.65 & 0.45 & 0.23 & 1.58 & \\ 0.33 & 0.23 & 0.19 & 0.78 & 1.39 \end{pmatrix} \Rightarrow \hat{\mathbf{\Pi}}_1 \begin{pmatrix} 1.00 & & & & \\ 0.55 & 1.00 & & & \\ 0.41 & 0.57 & 1.00 & & \\ 0.40 & 0.27 & 0.15 & 1.00 & \\ 0.22 & 0.15 & 0.13 & 0.52 & 1.00 \end{pmatrix}$$

図表 3.12 ステップ 1 の偏相関係数の推定

$$\hat{\mathbf{\Pi}}_1 \begin{pmatrix} 1.00 & & & & \\ 0.56 & 1.00 & & & \\ 0.42 & 0.57 & 1.00 & & \\ 0.43 & 0.29 & 0.17 & 1.00 & \\ 0.25 & 0.18 & 0.16 & 0.54 & 1.00 \end{pmatrix} \Rightarrow (\hat{\mathbf{\Pi}}_1)^{-1} \begin{pmatrix} 1.69 & & & & \\ -0.66 & 1.83 & & & \\ -0.25 & -0.75 & 1.53 & & \\ -0.49 & -0.14 & 0.13 & 1.64 & \\ 0.00 & 0.03 & -0.12 & -0.76 & 1.42 \end{pmatrix} \Rightarrow \hat{\mathbf{\Lambda}}_1 \begin{pmatrix} - & & & & \\ 0.38 & - & & & \\ 0.15 & 0.45 & - & & \\ 0.30 & 0.08 & -0.08 & - & \\ 0.00 & -0.02^* & 0.08 & 0.50 & - \end{pmatrix}$$

図表 3.13 ステップ 2 の偏相関係数の推定

$$
\hat{\Pi}_2
\begin{pmatrix}
1.00 & & & & \\
0.56 & 1.00 & & & \\
0.42 & 0.57 & 1.00 & & \\
0.43 & 0.29 & 0.17 & 1.00 & \\
0.25 & 0.19 & 0.16 & 0.54 & 1.00
\end{pmatrix}
\Rightarrow
(\hat{\Pi}_2)^{-1}
\begin{pmatrix}
1.69 & & & & \\
-0.66 & 1.83 & & & \\
-0.25 & -0.75 & 1.53 & & \\
-0.50 & -0.12 & 0.12 & 1.64 & \\
0.01 & 0.00 & -0.10 & -0.75 & 1.42
\end{pmatrix}
\Rightarrow
\hat{\Lambda}_2
\begin{pmatrix}
- & & & & \\
0.38 & - & & & \\
0.16 & 0.45 & - & & \\
0.30 & 0.07^* & -0.08 & - & \\
-0.01 & 0.00 & 0.07 & 0.50 & -
\end{pmatrix}
$$

を構築していく．これは，LRM の変数減少法に対応する．選択途中で，0 とした偏相関係数を元に戻すことを行えば，それは LRM の変数減増法としての対処に対応する．すべての偏相関係数を 0 としたものが，NM（ナルモデル），すなわち変数はすべて独立である．探索しているモデルは，FM と NM の間の FM に対する RM（縮約モデル）である．

3.2.4 モデルの適合度

図表 3.14 は，$n=75$ の 3 変数 A, B, C について FM からスタートし，偏相関係数の絶対値最小の要素から順次 0 と置いて，NM までの過程を示したものである．上段に独立グラフ，中段に母相関係数の推定値，下段に母偏相関係数の推定値を表示している．①の FM から②の RM1 では，相関係数の変化は小さく，②の RM1 から③の RM2 への変化は大きい．感覚的に②の RM1 を採択するのが良いと感じるであろう．

共分散選択を順次行って，偏相関係数のいくつかを 0 と置いた i 番目の $RM(i)$ を採択していく際に，得られた $RM(i)$ が妥当であるか，すなわち，$RM(i)$ がデータによく適合しているかどうかを定量的に評価したい．そのための指標に逸脱度がある．共分散選択により得られた $RM(i)$ の母相関係数行列の推定値を $\hat{\Pi}_{(i)}$ で表すとき，

$$dev\{RM(i)\} = n \log \frac{|\hat{\Pi}_{(i)}|}{|R|} \tag{3.18}$$

を逸脱度という．ここで，$|\cdot|$ は行列式を，n はデータ数を，R は標本相関係数行列を表す．逸脱度は，偏相関係数を 0 と置いた数，f を自由度とするカイ 2 乗分布に近似的に従うことを用いて検定する．また，逸脱度は 1 つ前に採択

した $RM(i-1)$ に対しても計算ができる．

$$dev\{RM(i), RM(i-1)\} = dev\{RM(i)\} - dev\{RM(i-1)\} \quad (3.19)$$

逸脱度は n に影響を受ける量である．n が多くなれば，それだけ有意になりやすい．検定の理屈によると，有意であれば偏相関係数を 0 と決めつけることは危険である．逆に，有意でなくても偏相関係数は 0 であると言い切れない．このため，FM に対しては p 値 = 0.5 を，$RM(i-1)$ に対しては p 値 = 0.2 〜 0.3 を目安とする．

図表 3.14 の $RM1$ の母相関係数行列の推定値は

$$\hat{\Pi} = \begin{pmatrix} 1.000 & & \\ \rho_{12} & 1.000 & \\ \rho_{13} & \rho_{23} & 1.000 \end{pmatrix} = \begin{pmatrix} 1.000 & & \\ 0.821 & 1.000 & \\ -0.925 & -0.887 & 1.000 \end{pmatrix} \quad (3.20)$$

と計算でき，逸脱度と p 値を求めると，

$$dev(RM1) = 0.060 \quad (df = 1) \quad p = 0.8062 \quad (n = 75)$$

図表 3.14　共分散選択の様子

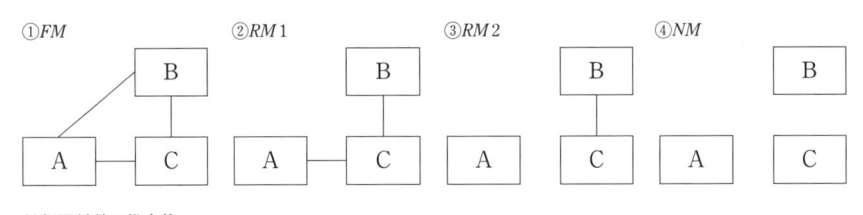

①FM

```
    B
   /|
  A-C
```

②$RM1$

```
  B
  |
A-C
```

③$RM2$

```
  B
  |
A C
```

④NM

```
B

A C
```

母相関係数の推定値

$$\begin{array}{c} \\ A \\ B \\ C \end{array} \begin{pmatrix} A & B & C \\ 1.000 & & \\ 0.826 & 1.000 & \\ -0.925 & -0.887 & 1.000 \end{pmatrix} \quad \begin{pmatrix} 1.000 & & \\ 0.821 & 1.000 & \\ -0.925 & -0.887 & 1.000 \end{pmatrix} \quad \begin{pmatrix} 1.000 & & \\ 0.003 & 1.000 & \\ -0.925 & -0.002 & 1.000 \end{pmatrix} \quad \begin{pmatrix} 1.000 & & \\ 0.000 & 1.000 & \\ 0.000 & 0.000 & 1.000 \end{pmatrix}$$

母偏相関係数の推定値

$$\begin{array}{c} \\ A \\ B \\ C \end{array} \begin{pmatrix} A & B & C \\ - & & \\ 0.028 & - & \\ -0.740 & -0.575 & - \end{pmatrix} \quad \begin{pmatrix} - & & \\ 0.000 & - & \\ -0.747 & -0.589 & - \end{pmatrix} \quad \begin{pmatrix} - & & \\ 0.000 & - & \\ -0.925 & 0.000 & - \end{pmatrix} \quad \begin{pmatrix} - & & \\ 0.000 & - & \\ 0.000 & 0.000 & - \end{pmatrix}$$

となる．これより，母偏相関係数を $\rho_{13\cdot 2}=0$ とした相関構造モデルを採用することが妥当であるとする．この条件下での偏相関係数行列の推定値は，

$$\hat{\mathbf{\Lambda}} = \begin{pmatrix} - & & \\ \rho_{12\cdot 3} & - & \\ \rho_{13\cdot 2} & \rho_{23\cdot 1} & - \end{pmatrix} = \begin{pmatrix} - & & \\ 0.000 & - & \\ -0.747 & -0.589 & - \end{pmatrix} \tag{3.21}$$

となる．

また，n に影響を受けない GFI は，FM の相関係数と RM(i) の相関係数の当てはまりの良さを表すもので，

$$GFI = 1 - \frac{tr\left[\left\{\widehat{\mathbf{\Pi}}_{(i)}^{-1}(\mathbf{R}-\widehat{\mathbf{\Pi}}_{(i)})\right\}^2\right]}{tr\left[\left\{\widehat{\mathbf{\Pi}}_{(i)}^{-1}\mathbf{R}\right\}^2\right]} \tag{3.22}$$

で計算する．AGFI は GFI に自由度のペナルティを科したものである．

$$AGFI = 1 - \frac{p(p+1)}{2df}(1-GFI) \tag{3.23}$$

NFI は，RM(i) の逸脱度が FM の逸脱度と NM の間のどの位置にあるかを相対的に表したものである．

$$NFI = 1 - dev\{RM(i)\}/dev(NM) \tag{3.24}$$

GFI，NFI は 0 から 1 の間の値をとり，1 に近いほど適合が良いと判断する．経験的には，0.95 以上で当てはまりが良いと判断する．AGFI は GFI にペナルティを科したものであるが，当てはまりが悪い場合には負の値をとることがある．AGFI は 0.90 以上で当てはまりが良いと判断する．SRMR は母相関係数と標本相関係数との差，すなわち残差の指標で，

$$SRMR = \sqrt{\frac{2}{p(p+1)}\sum_{i\leq j}(r_{ij}-\hat{\rho}_{ij})^2} \tag{3.25}$$

と計算する．SRMR は，上記の 3 つの指標と違い小さいほうがよい．これらの指標は，**第 5 章**で説明する SEM も採用しているものであるが，GM と SEM の母相関係数の推定方法が異なることに注意する．GM は，偏相関係数が 0 で

あることを検定しながら母相関係数を推定しているので，対応する相関係数の推定値が0となることは稀である．一方，SEM は，直接に相関係数が0であることを検定しながら母相関係数を推定している．*SRMR* が 0.05 以下だと，モデルと標本相関係数行列との乖離が小さいと判断する．

3.3 GM による因果関係の探索

3.3.1 因果グラフ

図表 3.15 の独立グラフが得られたとする．解析の目的によるが，通常，変数間に因果関係や時間的な制約を期待するであろう．得られた独立グラフに，因果を示す矢線を付けたくなるのは自然である．矢線の付いた独立グラフを，特別に因果グラフという．

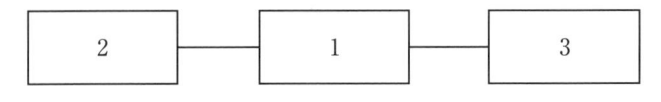

```
┌───┐   ┌───┐   ┌───┐
│ 2 │───│ 1 │───│ 3 │
└───┘   └───┘   └───┘
```

図表 3.15 3 変数の独立グラフ

(1) 連鎖タイプの因果関係

成型工程において x_2 が成型圧，x_1 が成型体密度，x_3 が強度とする．成型圧を上げると成型体密度が密になり，結果として成型品の強度が増す．このような関係は，**図表 3.16** の因果グラフで表すことができる．成型圧と成型体密度が工程で制御可能であれば，成型圧に対して何も手を打つ必要はなく，結果変数の強度へ直接影響する成型体密度を制御すればよい．なぜなら，成型圧と強度とは条件付き独立であるからである．残念ながら成型体密度は中間特性であ

```
┌─────────┐   ┌─────────────┐   ┌─────────┐
│ 成型圧  │──▶│  成型体密度  │──▶│  強度   │
└─────────┘   └─────────────┘   └─────────┘
```

図表 3.16 連鎖タイプの因果関係

るから，制御可能なのは成型圧である．強度に対する成型圧の効果は，成型体密度を介して影響を与えているから，間接的に効いてくるものである．これを間接効果という．

(2) 疑似相関タイプの因果関係

IC工程において，x_1 が焼成温度，x_2 が電気抵抗A，x_3 が電気抵抗Bとする．焼成温度が上がれば，電気抵抗AとBの両方に影響を与えている．この関係は，**図表3.17**の因果グラフで表すことができる．グラフより電気抵抗AとBとは疑似相関の関係であることが推測される．

図表3.17 疑似相関タイプの因果関係

(3) 合流タイプの因果関係

成型工程で，x_1 が成型圧，x_2 が水分率，x_3 が平均粒径とする．水分率が少なくなると成型圧が高くなり，また平均粒径が大きくなるとやはり成型圧が高くなる．この関係は，**図表3.18**の因果グラフで表すことができる．

図表3.18 合流タイプの因果関係

図表3.16～3.18のグラフでは，因果の関係が独立グラフに追加された．偏相関係数からつくられる独立グラフには方向性がない．**図表3.15**の独立グラフに技術的および論理的な知見を加えないと，**図表3.16～3.18**のどの因果グラフになるのかはわからない．さらに，その検証も必要となる．なお，GMに

おける因果グラフでも，モデルで説明できる共通部分と誤差部分とを分離した表現になっていない．GMのグラフは，すべて観測される変数のみで表現されることに注意しよう．

また，因果関係のある場合の条件付き独立について注意がいる．**図表3.18**の因果グラフでは矢線が合流している．成型圧(結果)を与えたときに，原因である水分率と平均粒径とが条件付き独立であるというのは奇妙であり，水分率と平均粒径に線が必要である．つまり，**図表3.15**の独立グラフから**図表3.18**の因果グラフを想定してはいけない．合点がいかない読者のために，LRMで考えてみよう．$\hat{y} = x_1 + 2x_2$ というモデルが得られたとき，結果 y を固定することを考える．例えば，その値を6としよう．原因である x_1 に2を与えれば，x_2 に2を与えなければ，目的の y は6にならないであろう．つまり原因どうしに関係が生じるのである．

3.3.2 モラルグラフと合流

因果グラフでは矢線の合流が発生し，条件付き独立性を読み取ることが困難になる．そこで，合流となっている矢線の元となる2つの変数を線で結びグラフをつくる．このグラフはモラルグラフとよばれる．モラルグラフは，得られた因果グラフが真の構造であるときに，どのような独立グラフが得られるかを表現したものである．

図表3.19の左はIC工程のデータを解析して，得られた因果グラフを表示したものである(詳細は**7.1節**で紹介する)．これからモラルグラフを作成すると**図表3.19**の右が得られる．モラルグラフは，R1(抵抗1)からVth(閾値電圧)，R2(抵抗2)からVth，R3(抵抗3)からVthの矢線の合流があることに注意して，R1とR2とR1とR3およびR2とR3を線で結び，すべての矢線を線で置き換える．なお，TOX(Thickness Oxlde)とはゲート酸化膜厚の略号である．

実務的にはこの性質を利用して，得られた独立グラフをモラルグラフと見立てて，モラルグラフから合流に着目して因果グラフの仮説をつくり，それを検

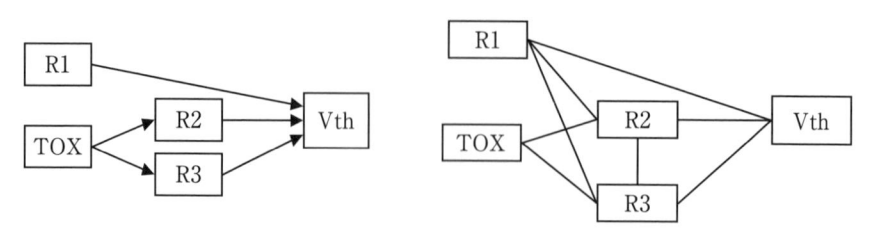

図表 3.19 IC 工程の因果グラフ(左)とモラルグラフ(右)

証する．因果仮説の具体的な検証方法は，第 4 章で事例をとおして紹介する．

第4章　GMによる因果探索の実際

　生産工程では，明示的あるいは暗示的に，変数間に時間的な順序や工学的な因果が存在する．**第3章**では，それを手がかりに逐次的に線形回帰分析（LRM：Lenear Regression Model）を行った．現実には，事前に変数間の順序が曖昧な状況も想定されるであろう．このような状況下でも，得られたデータの情報を使って探索的に因果関係を構築していく方法がある．それがグラフィカルモデリング（GM：Graphical Modeling）である．本章では，**第2章**と同じ事例を使って，GMによる因果の探索の方法を紹介する．

4.1　GMを使った成型工程の構造探索

　前掲の**図表2.16**は，逐次的LRMの各手順を連結した因果仮説である．厳密ではないが工程の流れに沿って，品質の動きが可視化できるようになった．必要であれば，工程で制御可能な原因系と，中間特性や工程状態など制御不可能な変数とを区別しておくとよい．**図表2.16**では，いくつかの矢線には不明確なところが残されていた．ここでは，もう少し厳密な変数間の構造探索を行う方法を考えたい．GMでは，変数間に順序関係がない独立グラフを求める方法と，変数間に順序関係のある因果グラフを求める方法とがある．いずれの方法も「SEM因果分析編」で活用可能である．

　成型工程の事例に戻る．変数間の関係が何もわからない状況において，GMにより因果仮説を探索するにはどうするか．必要な情報は，**図表4.1**のような相関係数行列のみでよい．相関係数行列から偏相関係数行列を求めると，**図表4.2**が得られる．これが出発点であり，独立グラフのフルモデル FM である．

図表4.1 工程データの相関係数行列

	温度	水分率	攪拌速度	平均粒径	成型圧	成型速度	単重量	金型温度	成型体密度	成型長	Ln(強度)
温度	1.0000	−0.8905	−0.0001	0.0001	0.0002	−0.0000	0.0002	0.0001	0.0002	0.0002	0.0002
水分率	−0.8905	1.0000	0.0001	−0.0001	−0.0002	0.0000	−0.0002	−0.0001	−0.0002	−0.0002	−0.0002
攪拌速度	−0.0001	0.0001	1.0000	−0.3676	−0.1402	−0.0000	−0.0869	−0.0911	−0.0989	−0.0657	−0.0641
平均粒径	0.0001	−0.0001	−0.3676	1.0000	0.3814	0.0000	0.2365	0.2480	0.2691	0.1789	0.1744
成型圧	0.0002	−0.0002	−0.1402	0.3814	1.0000	0.0000	0.6202	0.6503	0.7057	0.4693	0.4574
成型速度	−0.0000	0.0000	−0.0000	0.0000	0.0000	1.0000	0.0001	0.0000	0.0001	0.0001	0.0000
単重量	0.0002	−0.0002	−0.0869	0.2365	0.6202	0.0001	1.0000	0.4033	0.8789	0.7567	0.5697
金型温度	0.0001	−0.0001	−0.0911	0.2480	0.6503	0.0000	0.4033	1.0000	0.4589	0.3052	0.2975
成型体密度	0.0002	−0.0002	−0.0989	0.2691	0.7057	0.0001	0.8789	0.4589	1.0000	0.6650	0.6482
成型長	0.0002	−0.0002	−0.0657	0.1789	0.4693	0.0001	0.7567	0.3052	0.6650	1.0000	0.4311
Ln(強度)	0.0002	−0.0002	−0.0641	0.1744	0.4574	0.0000	0.5697	0.2975	0.6482	0.4311	1.0000
STD.DEV	1.0000	1.0000	1.0000	1.0000	1.0000	1.0000	1.0000	1.0000	1.0000	1.0000	1.0000
MEAN	0.0000	0.0000	0.0000	0.0000	0.0000	0.0000	0.0000	0.0000	0.0000	0.0000	0.0000

図表4.2 工程データの偏相関係数行列

	温度	水分率	攪拌速度	平均粒径	成型圧	成型速度	単重量	金型温度	成型体密度	成型長	Ln(強度)
V1 温度	***										
V2 水分率	−0.86516	***									
V3 攪拌速度	0.06423	0.06259	***								
V4 平均粒径	0.16813	0.28640	−0.33753	***							
V5 成型圧	0.03927	−0.05432	−0.03278	0.29558	***						
V6 成型速度	0.03135	0.01418	0.01668	−0.05462	0.20822	***					
V7 単重量	0.09513	0.07416	−0.05989	−0.16982	0.03369	−0.35536	***				
V8 金型温度	−0.03110	−0.14964	0.05647	−0.00062	0.40223	−0.12783	−0.00064	***			
V9 成型体密度	−0.15959	−0.19870	0.04156	0.18181	0.27748	0.12875	0.63892	0.05137	***		
V10 成型長	0.07977	0.17464	0.07268	−0.00055	−0.02952	0.16935	0.41686	0.04499	0.10355	***	
V11 Ln(強度)	−0.01880	−0.00731	−0.03593	−0.02481	−0.01411	−0.00610	0.01853	−0.01558	0.29104	0.07854	***

フルモデルとの比較:逸脱度=− 自由度=− p値=−

適合度指標:GFI=1.000 AGFI=1.000 NFI=1.000 SRMR=0.000

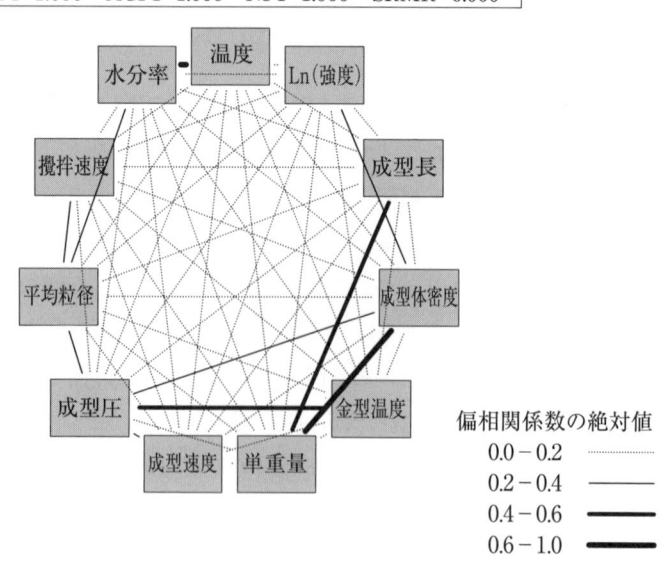

偏相関係数の絶対値
0.0 − 0.2 ....
0.2 − 0.4 ———
0.4 − 0.6 ━━━
0.6 − 1.0 ━━━

図表4.3 FMの無向独立グラフ

このときの独立グラフを図表 4.3 に示す．このグラフから，|成型圧，金型温度| の制御因子と，|単重量，成型長| および |単重量，成型体密度| の中間特性群の偏相関係数の絶対値が大きいことがわかる．

4.2　共分散選択と独立グラフの作成手順

図表 4.2 から偏相関係数の絶対値が最小な変数組は，|平均粒径，成型長| の -0.00055 である．この組の偏相関係数を 0 と置く．すなわち，平均粒径と成型長の間の線を切断するのである．これは，モデルとして平均粒径と成型長の母偏相関係数が 0 であるが，大きさ $n = 100$ の標本を取り出したところ，標本誤差により偏相関係数の値がたまたま -0.00055 になったと解釈するのである．平均粒径と成型長の間の線を切断し，その条件下で母相関係数を推定する．

推定された母相関係数から偏相関係数を求めたものが，**図表 4.4** である．図表 4.4 の右上三角の部分にある値，-0.00027 はモデルと標本との相関係数の差である．p 値，GFI ともに良好であるので，この縮約モデル RM①を採択する．

次に偏相関係数の絶対値最小の |単重量，金型温度| を切断して RM②を求める．それが**図表 4.5** である．RM②の統計量も良好であるのでこれを採択する．次に，偏相関係数の絶対値最小の |平均粒径，金型温度| を切断して RM③を求める．

以下同様に，偏相関係数の絶対値が 0.2 を目安にそれ以下の変数間を切断する．**図表 4.6** は，47 組の変数間を切断して得られた縮約モデル RM㊼である．

データ数：100										
フルモデルとの比較：過脱度=0.000　自由度=1　P値=0.9956										
直前のモデルの比較：過脱度=0.000　自由度=1　P値=0.9956										
適合度指標：GFI=1.000　AGFI=1.000　NFI=1.000　SRMR=0.000										
							下三角：偏相関係数		上三角：相関係数の残差	
	温度	水分率	撹拌速度	平均粒径	成型圧	成型速度	単重量	金型温度	成型体密度	成型長	Ln(強度)
V1 温度	***										
V2 水分率	-0.96516	***									
V3 撹拌速度	0.06422	0.06257	***								
V4 平均粒径	0.16809	0.29831	-0.33756	***						-0.00027	
V5 成型圧	0.03928	-0.05429	-0.03276	0.28559	***						
V6 成型速度	0.03136	0.01420	0.01665	-0.05471	0.20825	***					
V7 単重量	0.09516	0.07421	-0.05997	-0.17005	0.03375	-0.35537	***				
V8 金型温度	-0.03110	-0.12964	0.05646	-0.00065	0.40223	-0.12783	-0.00064	***			
V9 成型体密度	-0.15957	-0.19867	0.04155	0.18176	0.27749	0.12876	0.63894	0.05138	***		
V10 成型長	0.07968	0.17448	0.07267	0.00000	-0.02968	0.16938	0.41694	0.04499	0.10345	***	
V11 Ln(強度)	-0.01879	-0.00730	-0.03594	-0.02485	-0.01410	-0.00610	0.01852	-0.01558	0.29105	0.07856	***

図表 4.4　RM①の偏相関係数行列

		温度	水分率	攪拌速度	平均粒径	成型圧	成型速度	単重量	金型温度	成型体密度	成型長	Ln(強度)
V1	温度	***										
V2	水分率	-0.96516	***									
V3	攪拌速度	0.06423	0.06258	***								
V4	平均粒径	0.16809	0.28833	-0.33757	***						-0.00027	
V5	成型圧	0.03930	-0.05428	-0.03278	0.28555	***						
V6	成型速度	0.03136	0.01423	0.01664	-0.05470	0.20816	***					
V7	単重量	0.09518	0.07430	-0.06000	-0.17005	0.03350	-0.35530	***	-0.00018			
V8	金型温度	-0.03116	-0.14968	0.05650	-0.00054	0.40221	-0.12760	-0.00000	***			
V9	成型体密度	-0.15958	-0.19873	0.04157	0.18176	0.27266	0.12871	0.63892	0.05097	***		
V10	成型長	0.07968	0.17445	0.07298	-0.00001	-0.02957	0.16595	0.41692	0.04472	0.10349	***	
V11	Ln(強度)	-0.01879	-0.00731	-0.03564	-0.02485	-0.01409	-0.00610	0.01853	-0.01559	0.29105	0.07855	***

図表 4.5 RM②の偏相関係数行列

		温度	水分率	攪拌速度	平均粒径	成型圧	成型速度	単重量	金型温度	成型体密度	成型長	Ln(強度)
V1	温度	***		0.03394	-0.04281	0.36464	0.00427	0.24708	0.39120	0.27761	0.10003	0.14576
V2	水分率	-0.89049	***	-0.03304	0.11503	-0.39133	0.00784	-0.26987	-0.44320	-0.33006	-0.06478	-0.18090
V3	攪拌速度	-0.00000	0.00001	***		0.00338	0.02193	0.02474	0.06443	0.01259	0.05626	-0.00769
V4	平均粒径	-0.00000	-0.00001	-0.34320	***		0.01997	-0.06974	-0.07302	0.00550	-0.01106	-0.01595
V5	成型圧	-0.00000	-0.00001	0.00001	0.22778	***		0.05569	-0.00296		-0.01017	-0.02431
V6	成型速度	0.00000	-0.00001	-0.00001	-0.00000	0.00001	***	-0.24367	-0.08650	-0.10249	-0.06558	-0.08029
V7	単重量	0.00001	-0.00001	0.00000	-0.00000	-0.00000	0.00001	***	0.08217			0.02350
V8	金型温度	0.00000	-0.00000	0.00000	-0.00000	0.50313	0.00000	-0.00001	***	0.09045	0.05644	0.03479
V9	成型体密度	0.00000	-0.00001	-0.00000	-0.00000	0.33420	0.00000	0.65250	-0.00001	***	0.03913	
V10	成型長	0.00001	-0.00001	0.00000	-0.00001	-0.00001	0.00001	0.48329	-0.00001	-0.00001	***	0.07997
V11	Ln(強度)	0.00001	-0.00000	-0.00001	-0.00000	-0.00000	-0.00000	-0.00000	0.34434	-0.00000	-0.00000	***

図表 4.6 RM㊼の偏相関係数行列

図表 4.7 はこのときの独立グラフである．図表 4.7 では，比較しやすいように工程順序に従って変数を並べ替えている．こうすることで見通しが良いモデルとして表現できる．並替えにより変数間の関係や経験的な知見が整理できるかも知れない．筆者の経験では，並替えには複数人の知見を取り入れて行うのがよい．

ところで，縮約モデル RM㊼ で，モデルと標本との相関係数の差を見ると，その絶対値の最大は 0.44320 と大きいから，当てはまりが悪いと判断せざるをえない．p 値および GFI の値も良好であるとはいえない．切断基準を高く設定したため，単純化しすぎたようである．このような場合には，相関係数の差や変数の意味に注意しながら変数間を接続(再度，つなぐこと)する．

今度は，右上三角の相関係数の差と左下三角の偏相関係数の値，および技術的な知見から，変数間の接続や切断を臨機応変に行っていく．基本は，右上三

4.2 共分散選択と独立グラフの作成手順

角の相関係数の差に着目して，その差の絶対値が0.2を下回るあたりまで接続していく．切断時に，急激に p 値が変化する場合は，その変数組を切断するのではなく，次に小さい偏相関をもつ変数組を切断したほうが当てはまりが良いこともある．共分散選択では試行錯誤的な部分が残されている．

このような接続や切断の判定値は，相関係数の検定の5%有意の値を目安とするとよいだろう．最終的には図表4.8の縮約モデル RM ㊵を採択した．そのときの独立グラフを図表4.9に示す．少し見やすいように変数の配列を変えて，

フルモデルとの比較：逸脱度=76.352　自由度=47　P値=0.0043
適合度指標：GFI=0.886　AGFI=0.840　NFI=0.887　SRMR=0.134

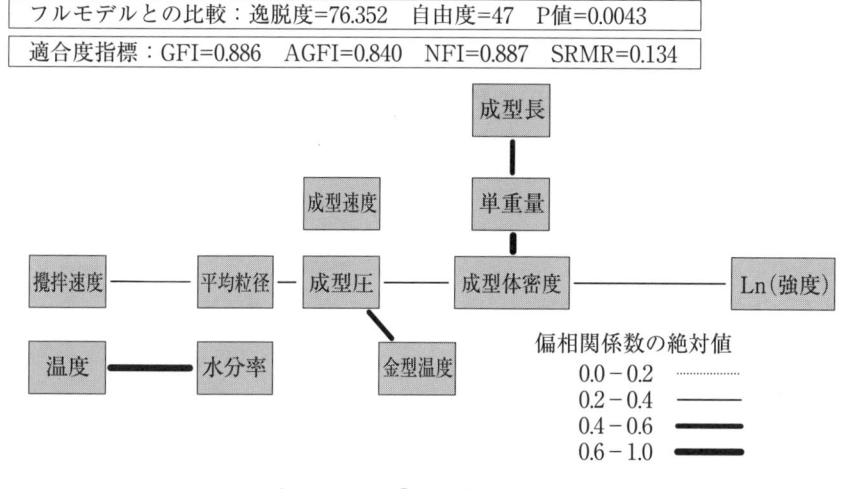

図表 4.7　RM ㊼の無向独立グラフ

図表 4.8　RM ㊵の偏相関係数行列

| フルモデルとの比較：逸脱度=22.265　自由度=40　P値=0.9895 |
| 適合度指標：GFI=0.964　AGFI=0.941　NFI=0.967　SRMR=0.030 |

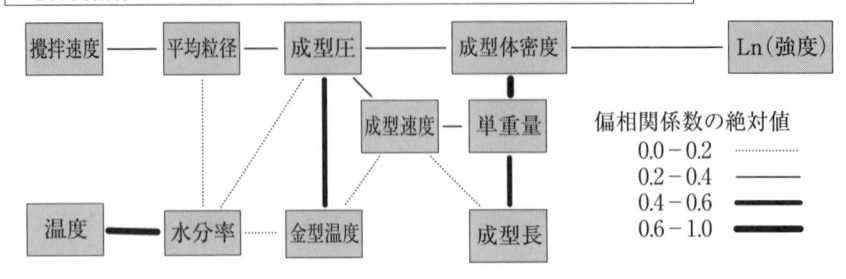

図表 4.9　RM⑩の独立グラフ

成型工程の構造探索ができた．

4.3　成型工程の因果を同定するには

　成型工程の変数間の構造は，**図表 4.9** の独立グラフで表現できた．得られた独立グラフから，原因から結果へ向かって矢線を引き，因果関係の仮説を組み立てるにはどうすればよいか．**図表 4.10** は，モラルグラフの考え方により作成した因果仮説である．グラフの破線の四角で囲まれた領域がグループを意味しており，仮説として，6 階層あるとした．階層間の変数の関係は，因果関係があるとして矢線で引き直している．階層内の関係は，相関関係を表しているので線のままとしている．また，矢線を合流させる先行変数間を破線でつないだ．具体的には，水分率と平均粒径の間，および成型圧と成型速度の間である．

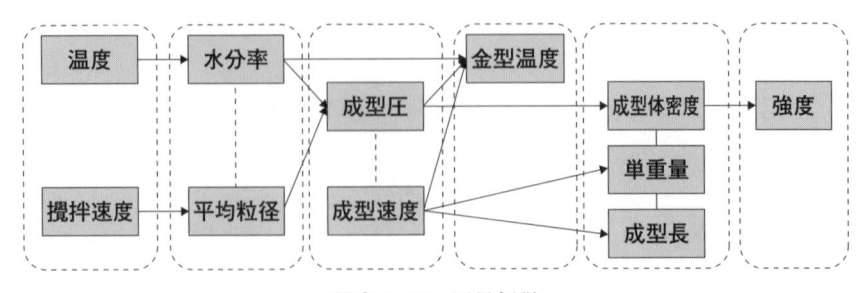

図表 4.10　因果仮説

水分率と平均粒径の間は，確かに矢線の合流元である．成型圧と成型速度の破線は，成型体密度と単重量間に相関の線が引かれているので，この2つの変数は一対として扱う．すると，この対に対して，成型圧と成型速度は合流元になる．こうして得られた**図表4.10**のモデルを検証するにはどうすればよいだろうか．

4.4　共分散選択と因果グラフの作成手順

　因果グラフの作成手順を以下に示す．因果グラフには連鎖独立グラフと有向独立グラフとがある．両者の違いは，連鎖独立グラフでは，階層構造単位に，有向独立グラフは変数単位に解析することである．ここでは，応用範囲の広い連鎖独立グラフについての作成手順を示す．

手順1　p 個の変数を m 階層に分け，順序づけを行う．このとき，各階層を $b(1),\ b(2),\ \cdots,\ b(m)$ と表す．

手順2　$b(1)$ に属する変数だけにもとづいて独立グラフをつくる．

手順3　$b(1)$ に属する変数と $b(2)$ に属する変数にもとづいて独立グラフをつくる．このとき，$b(1)$ に属する変数間は線をすべて凍結する．凍結とは共分散選択の対象から外し，線の切断を行わないという意味である．また，$b(1)$ に属する変数から $b(2)$ に属する変数を結ぶ場合は矢線で，$b(2)$ に属する変数内を結ぶ場合は線で結ぶ．

手順4　手順3で得た $b(1)$ の部分を手順2で得たものに置き換える．

手順5　$b(1) \sim b(3)$ に属する変数にもとづいて無向グラフをつくる．そのとき，$b(1)$ と $b(2)$ に属する変数間は線をすべて凍結する．また，$b(1)$ と $b(2)$ に属する変数から $b(3)$ に属する変数を結ぶ場合は矢線で結び，$b(3)$ に属する変数内を結ぶ場合は線で結ぶ．

手順6　手順5で得た $b(1)$ と $b(2)$ の部分を手順4で得たものに置き換える．

手順7　以降，手順5から手順6を繰り返す．

4.5 成型工程の因果探索の進め方

図表4.10のモデルを検証する具体的な方法を述べる．その手順が連鎖独立グラフの作成である．変数間の順番がある程度想定できたので，階層的な GM による因果グラフを作成する．「SEM 因果分析編」では，解析前に群の指定を行う必要がある．群情報に沿って，ソフトウェアが自動的に共分散選択可能な変数対の候補を表示するので，以下のステップで解析者が迷うことはないだろう．階層は以下に示す6階層である．

$b(1) = \{$温度，撹拌速度$\}$

$b(2) = \{$水分率，平均粒径$\}$

$b(3) = \{$成型圧，成型速度$\}$

$b(4) = \{$金型温度$\}$

$b(5) = \{$成型体密度，単重量，成型長$\}$

$b(6) = \{Ln(強度)\}$

手順1 $b(1)$ での独立グラフを作成する．

この場合は，温度と撹拌速度との相関係数の検定を行う．前掲の図表4.1の相関係数行列から，両者の相関係数は 0.034 であるから有意ではないことは自明である．実際に，この2変数で GM を行うと図表4.11 が得られる．図表4.11 では，手順1で求まる独立グラフを追記してある．

手順2 $b(1)+b(2)$ で独立グラフを作成する．

このとき $b(1)$ 内の要素については切断しない．これは，合流にともなう処置である．同様な処置は LRM の変数選択で行われる．変数選択では，y と説明変数 $x_1, x_2, \cdots, x_p$ 間が選択対象であり，説明変数間の関係は放置する．図表4.12 は，手順2のスタートの状態である．図表4.12 で示された白い窓の部分のみが今の共分散選択の対象である．手順1の対象であった，$b(1)=\{$温度，撹拌速度$\}$ は既に過去であり，手を加えることができない．

4.5 成型工程の因果探索の進め方

```
データ数：100
《モデル全体》
フルモデルとの比較    ： 逸脱度=0.115   自由度=1   p値=0.7346
適合度指標    ： NFI=1.000

《第1群》
フルモデルとの比較    ： 逸脱度=0.115   自由度=1   p値=0.7346
直前のモデルとの比較  ： 逸脱度=0.115   自由度=1   p値=0.7346
適合度指標   ： GFI=0.999   AGFI=0.997   NFI=0.000   SRMR=0.020
```

下三角：偏相関係数　　　上三角：相関係数の残差

	温度	攪拌速度	水分率	平均粒径	成型圧	成型速度	金型温度	単重量	成型体密度	成型長	Ln(強度)
V1 温度	***	0.03989									
V3 攪拌速度	0.00000	***									
V2 水分率			***								
V4 平均粒径				***							
V5 成型圧					***						
V6 成型速度						***					
V8 金型温度							***				
V7 単重量								***			
V9 成型体密度									***		
V10 成型長										***	
V11 Ln(強度)											***

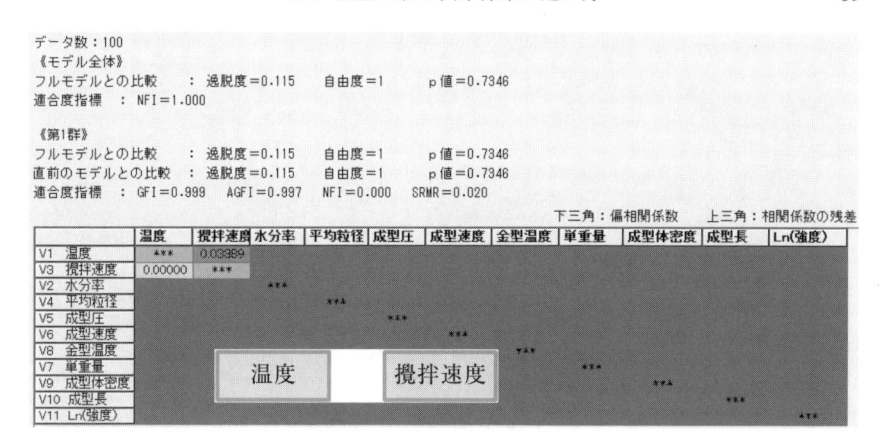

図表 4.11 第1群の GM の結果

```
データ数：100
《モデル全体》
フルモデルとの比較    ： 逸脱度=0.115   自由度=1   p値=0.7346
適合度指標    ： NFI=1.000

《第2群》
フルモデルとの比較    ： 逸脱度=－   自由度=－   p値=－
直前のモデルとの比較  ： 逸脱度=－   自由度=－   p値=－
適合度指標   ： GFI=1.000   AGFI=1.000   NFI=1.000   SRMR=0.000
```

下三角：偏相関係数　　　上三角：相関係数の残差

	温度	攪拌速度	水分率	平均粒径	成型圧	成型速度	金型温度	単重量	成型体密度	成型長	Ln(強度)
V1 温度	***										
V3 攪拌速度	***	***									
V2 水分率	−0.89271	0.06090	***								
V4 平均粒径	0.14570	−0.37099	0.17938	***							
V5 成型圧					***						
V6 成型速度						***					
V8 金型温度							***				
V7 単重量								***			
V9 成型体密度									***		
V10 成型長										***	
V11 Ln(強度)											***

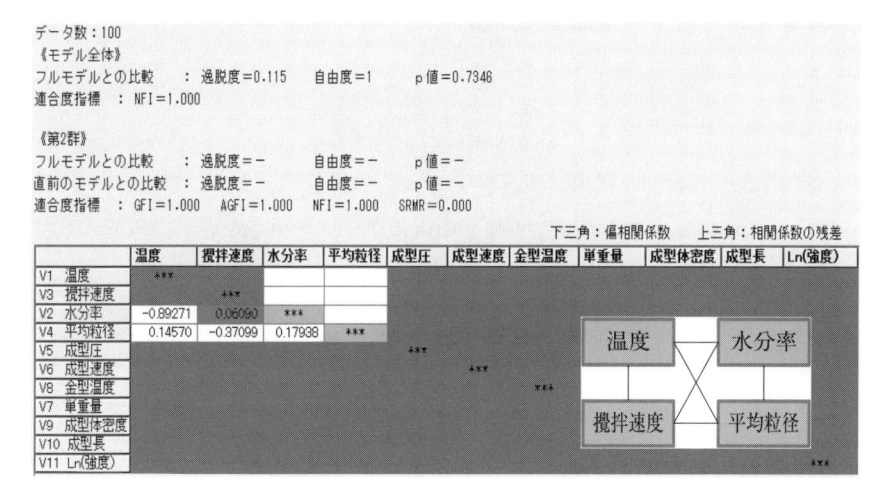

図表 4.12 第2群の GM のスタート時点

また，$b(3)$, $b(4)$, $b(5)$ は近い将来の状態であるのでいまは想定できない．共分散選択の結果，図表 4.13 が得られた．p 値および GFI ともに良好であるので，このモデルを採択する．なお，図表 4.13 にあるように，"モデル全体"の p 値 = 0.479 と NFI = 0.995 が上段のブロックに表示され，下段のブロックには解析中の群に対する p 値 = 0.337 や GFI = 0.942 などが表示される．

第4章 GMによる因果探索の実際

```
データ数：100
《モデル全体》
フルモデルとの比較    ：過脱度=3.495    自由度=4    p値=0.4786
適合度指標  ：NFI=0.995

《第2群》
フルモデルとの比較    ：過脱度=3.381    自由度=3    p値=0.3366
直前のモデルとの比較 ：過脱度=1.216   自由度=1   p値=0.2701
適合度指標  ：GFI=0.942  AGFI=0.807  NFI=0.981  SRMR=0.034
```

下三角：偏相関係数　　上三角：相関係数の残差

	温度	攪拌速度	水分率	平均粒径	成型圧	成型速度	金型温度	単重量	成型体密度	成型長	Ln(強度)
V1 温度	***			−0.03024							
V3 攪拌速度		***	−0.00281								
V2 水分率	−0.89038	−0.00001	***	0.10362							
V4 平均粒径	−0.00001	−0.36740	−0.00000	***							
V5 成型圧					***						
V6 成型速度						***					
V8 金型温度							***				
V7 単重量											
V9 成型体密度											
V10 成型長											
V11 Ln(強度)											***

温度 → 水分率
攪拌速度 → 平均粒径

図表4.13　第2群のGMの結果

手順3　$b(1)$ から $b(2)$ へは線を矢線に引き替える．

$b(1)$ 内は，手順1の結果に置き換える．この操作は，ソフトウェアが連動して行ってくれる．ここでは，手順3の因果グラフを示さないが，確認の意味で読者自らが因果グラフを作成してほしい．

手順4　$b(1)+b(2)+b(3)$ で独立グラフを作成する．

ここで，$b(1)+b(2)$ の要素は切断しない．理由は，手順2と同じである．共分散選択の結果，**図表4.14**を得た．p 値，GFI ともに良好であるので，このモデルを採択する．

手順5　$b(1)+b(2)$ から $b(3)$ へは線を矢線に引き替える．

$b(1)+b(2)$ は，手順3の結果に置き換える．この因果グラフを**図表4.14**の右下へ追記しておく．

手順6　$b(1)+\cdots+b(4)$ で独立グラフを作成する．

4.5 成型工程の因果探索の進め方

```
データ数：100
《モデル全体》
フルモデルとの比較　：逸脱度=4.152　自由度=11　p値=0.9652
適合度指標　：NFI=0.994

《第3群》
フルモデルとの比較　：逸脱度=0.657　自由度=7　p値=0.9986
直前のモデルとの比較　：逸脱度=0.311　自由度=1　p値=0.5770
適合度指標　：GFI=0.996　AGFI=0.988　NFI=0.997　SRMR=0.014
```

下三角：偏相関係数　　上三角：相関係数の残差

	温度	撹拌速度	水分率	平均粒径	成型圧	成型速度	金型温度	単重量	成型体密度	成型長	Ln(強度)
V1 温度		※※※			-0.00959	0.00423					
V3 撹拌速度			※※※		0.00749	0.02191					
V2 水分率				※※※		0.00787					
V4 平均粒径					※※※	0.01899					
V5 成型圧	0.00000	0.00001	-0.23577	0.43669		0.05572					
V6 成型速度	0.00001	-0.00000	-0.00000	0.00000	0.00001						
V8 金型温度											
V7 単重量											
V9 成型体密度											
V10 成型長											
V11 Ln(強度)											

温度 → 水分率 → 成型圧

撹拌速度 → 平均粒径 → 成型速度

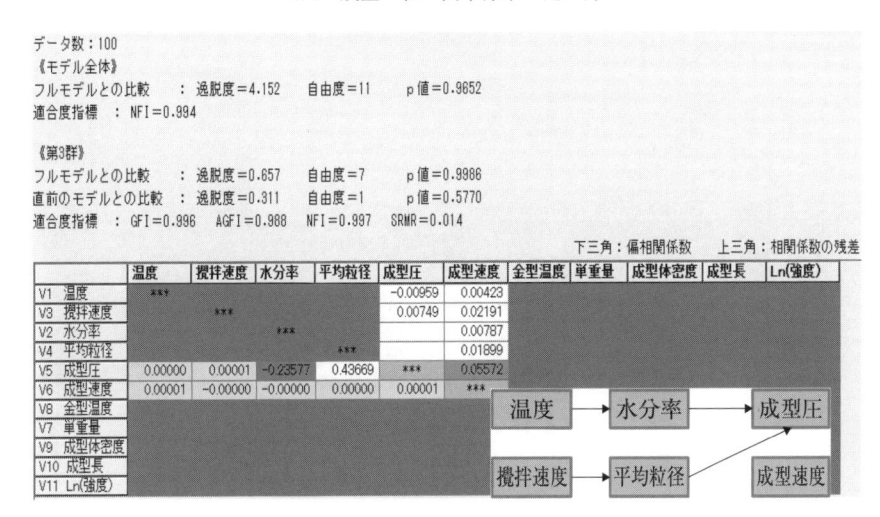

図表4.14 第3群までのGMの結果

$b(1)+b(2)+b(3)$ 内の要素は切断しない．**図表4.15**は，3つの変数間の偏相関係数の絶対値を0，すなわち切断した結果である．ここで，|水分率，金型温度|の偏相関係数は−0.12986であるから，これを0として切断すると，p 値が急激に悪化する．このため，**図表4.15**の状態を手順6では採択する．ここまでは，共分散選択の結果は仮説どおりに推移している．因果グラフを作成する手順を使った仮説検証は，モデリングの際には必要不可欠な解析過程である．

手順7 $b(1)+b(2)+b(3)$ から $b(4)$ へは線を矢線に引き替える．

$b(1)+b(2)+b(3)$ は，手順5の結果に置き換える．この因果グラフを**図表4.16**に示す．

手順8 $b(1)+\cdots+b(5)$ で独立グラフを作成する．

いままでと同様に，$b(1)+\cdots+b(4)$ 内の要素は切断しない．共分散選択の結果，**図表4.17**が得られた．

第4章　GMによる因果探索の実際

データ数：100
《モデル全体》
フルモデルとの比較　：過脱度=4.713　自由度=14　p値=0.9894
適合度指標　：NFI=0.993

《第4群》
フルモデルとの比較　　：過脱度=0.561　自由度=3　p値=0.9053
直前のモデルとの比較　：過脱度=0.432　自由度=1　p値=0.5109
適合度指標　：GFI=0.997　AGFI=0.972　NFI=0.998　SRMR=0.010

下三角：偏相関係数　　上三角：相関係数の残差

	温度	攪拌速度	水分率	平均粒径	成型圧	成型速度	金型温度	単重量	成型体密度	成型長	Ln(強度)
V1 温度	▼▲▲						-0.01138				
V3 攪拌速度		***					0.04674				
V2 水分率			***								
V4 平均粒径				***			-0.01547				
V5 成型圧					***						
V6 成型速度						***					
V8 金型温度	-0.00000	0.00001	-0.12986	0.00000	0.54036	-0.15893	***				
V7 単重量								***			
V9 成型体密度									***		
V10 成型長										***	
V11 Ln(強度)											***

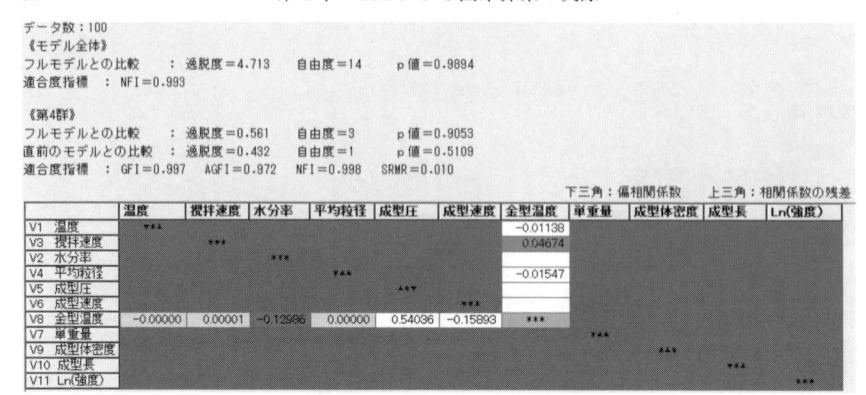

図表4.15　第4群の共分散選択

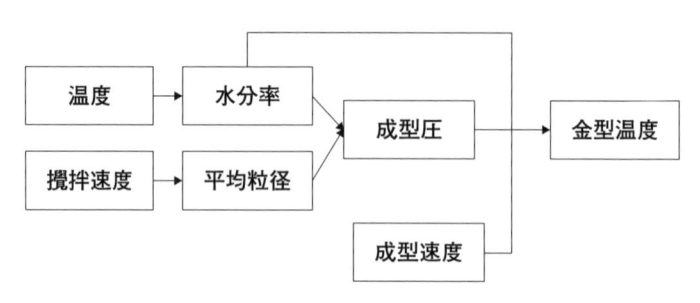

図表4.16　手順7の因果グラフ温度

データ数：100
《モデル全体》
フルモデルとの比較　：過脱度=22.507　自由度=33　P値=0.9157
適合度指標　：NFI=0.967

《第5群》
フルモデルとの比較　　：過脱度=17.794　自由度=19　P値=0.5363
直前のモデルとの比較　：過脱度=2.004　自由度=1　P値=0.1569
適合度指標　：GFI=0.988　AGFI=0.908　NFI=0.971　SRMR=0.028

下三角：偏相関係数　　上三角：相関係数の残差

	温度	攪拌速度	水分率	平均粒径	成型圧	成型速度	金型温度	単重量	成型体密度	成型長	Ln(強度)
V1 温度	▼▲▲							0.02318	0.01725	-0.07679	
V3 攪拌速度		▲▲▲						0.02841	0.01607	0.05906	
V2 水分率			▲▼▼					-0.02611	-0.04817	0.10615	
V4 平均粒径				***				-0.06353	0.00503	-0.01587	
V5 成型圧					***			-0.01169		-0.02215	
V6 成型速度						***			0.05579		
V8 金型温度							▲▲▼	0.05973	0.06613	0.03728	
V7 単重量	-0.00000	0.00001	0.00001	-0.00001	-0.00001	-0.27111	-0.00001	***			
V9 成型体密度	-0.00001	-0.00000	0.00000	-0.00001	0.36174	0.00000	-0.00000	0.68063	***		0.03204
V10 成型長	-0.00001	0.00001	0.00000	-0.00001	-0.00001	0.17392	-0.00001	0.49536	-0.00000	***	
V11 Ln(強度)											▲▲▼

図表4.17　第5群で選択されたモデル

4.5 成型工程の因果探索の進め方

手順9 $b(1)+\cdots+b(4)$ から $b(5)$ へは線を矢線に引き替える．

$b(1)+\cdots+b(4)$ 内は，手順7の結果に置き換える．因果グラフは，図表4.18に示す．

手順10 $b(1)+\cdots+b(6)$ で独立グラフを作成する．

すなわち，変数のすべてを使ってモデリングする．このとき，いままでと同様に，$b(1)+\cdots+b(5)$ 内の要素は切断しない．共分散選択の結果，｛成型体密度，Ln(強度)｝の線が残り，後はすべて切断された．図表4.19がその結果である．

手順11 $b(1)+\cdots+b(5)$ から $b(6)$ へは線を矢線に引き替える．

$b(1)+\cdots+b(5)$ 内は，手順9の結果に置き換える．最終の因果グラフを図表4.20に示す．上側に示された数値は，このモデル全体での逸脱度指標とNFI指標である．逸脱度指標の p 値は0.9884であるから，全体のモデルとしての当てはまりは良いことがわかる．NFIは0.964であるから，こちらも良好であり，モデルは得られた標本の値によく当てはまっているとする．

ところで，図表4.20では制御因子である成型速度への線は切れているが，金型温度は，結果変数の位置づけになっている．また，成型圧は制御変数であるが，水分率や平均粒径の影響を受ける側である．制御因子であるはずの2つ

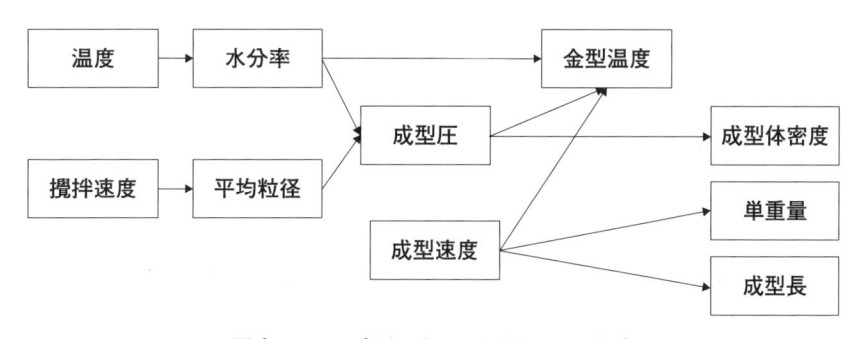

図表4.18 手順9までの因果グラフ温度

第 4 章　GM による因果探索の実際

```
データ数：100
《モデル全体》
フルモデルとの比較   ：逸脱度＝23.996   自由度＝42   P値＝0.9884
適合度指標   ：NFI＝0.964

《第6群》
フルモデルとの比較   ：逸脱度＝1.489   自由度＝9   P値＝0.9972
直前のモデルとの比較 ：逸脱度＝1.025   自由度＝1   P値＝0.3112
適合度指標   ：GFI＝0.997   AGFI＝0.980   NFI＝0.998   SRMR＝0.011
```

下三角：偏相関係数　　上三角：相関係数

	温度	撹拌速度	水分率	平均粒径	成型圧	成型速度	金型温度	単重量	成型体密度	成型長	Ln(強度)
V1 温度		▼▲▼									−0.03414
V3 撹拌速度			▲▼▲								−0.01584
V2 水分率				▼▲▼							0.03301
V4 平均粒径					▲▼▲						−0.01953
V5 成型圧						▼▼▼					−0.02431
V6 成型速度							＊＊＊				−0.01385
V8 金型温度								▲▼▲			−0.02384
V7 単重量									＊＊＊		0.02350
V9 成型体密度											
V10 成型長										＊＊＊	0.05460
V11 Ln(強度)	−0.00001	−0.00001	0.00000	0.00001	−0.00001	0.00000	−0.00001	0.00001	0.32003	0.00000	▲＊▲

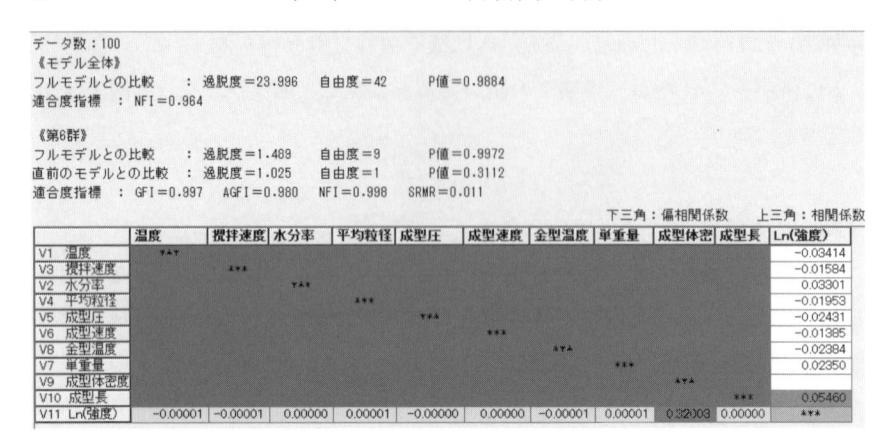

図表 4.19　第 6 群で選択されたモデル

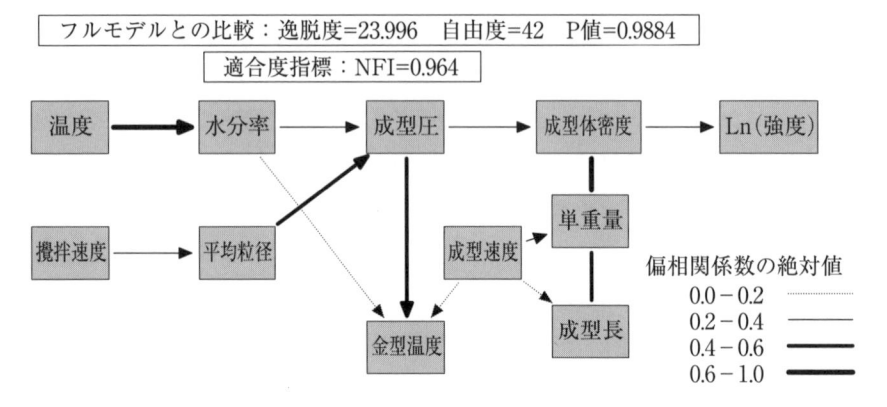

図表 4.20　最終的な因果グラフ（GM の結果）

の変数がなぜ前工程の影響を受けているのかは解明の余地が残っている．この問題は SEM の潜在変数を導入するところで再考したい．

こうして，因果仮説の検証が終わった．単独の LRM は，階層的な構造や解釈が不得意である．逐次的 LRM を求めるにしても，技術的知見がないとモデリングに時間がかかり，かつ不明瞭な部分が残ってしまう．LRM における説明変数間の関係には，海に漂流する氷山のごとく，海面下の状況が海上からは

まったくわからない．因果グラフで分析することにより，階層的な因果関係が見えてくる．

第5章 SEM の基礎

構造方程式モデリング (SEM : Structural Equation Modeling) は，比較的新しい多変量解析の手法であるが，最近，社会科学の分野で，数多くの事例や書籍が発表され普及期にさしかかっている．SEM は，古典的な多変量解析の手法を包含した発展的な方法論であり，本来は難度の高い手法である．しかし，コンピュータ環境やソフトウェアの発達により，グラフィカルで直感的なインタフェースが社会学や市場調査の統計ユーザに受け入れられている．本章では，SEM を工業の世界の因果分析に正しく適用するために基礎的な概念と知識をコンパクトに紹介する．

5.1 古典的な手法との関係

5.1.1 線形回帰分析のパス図表現

ここまで，線形回帰分析 (LRM : Linear Regression Model) をパス図で表現してきている．因果分析を行うのであれば，パス図による表現を用いることが直感的で便利であろう．おさらいとして，単回帰モデルの標準解をパスで表したものが，図表 5.1 である．矢線は因果の方向を示し，パス係数とよばれる因果の強さを表す数値を付与する．図表 5.1 のモデルは標準化されたものであり，その値は単回帰分析においては，相関係数と同じ値である．相関関係をパス図で表したものが，図表 5.2 である．相関関係は双方向の矢線を使う．

$\beta = \rho$ ということは，因果関係と相関関係とをデータからは区別できないということを意味している．因果関係と相関関係，因果関係の方向性などをデー

[観測変数X] →β→ [観測変数Y] ←誤差 ε

$$Y = \beta X + \varepsilon$$

図表 5.1 単回帰モデル

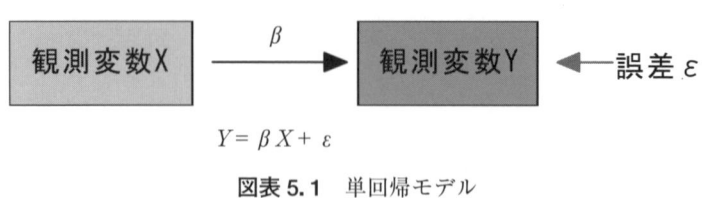

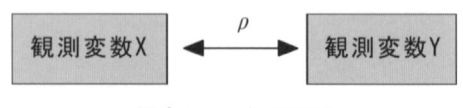

[観測変数X] ←ρ→ [観測変数Y]

図表 5.2 相関関係

タから区別できないモデルを同値モデルという．どちらが説明変数で，どちらが目的変数なのかは，技術的知見から識別できるはずで，統計的作法で決める話ではない．分析者が事前に決めるものである．

次に，重回帰モデルを考えてみよう．説明変数が2つある場合のパス図を**図表 5.3**に示す．説明変数が独立であれば，双方向の矢線とρを描かないモデルとなる．実験計画法で得られたデータは，多くの場合は直交表を用いた解析であり互いに独立であるから，$\rho=0$である．この場合には，説明変数ごとに寄与率を分解できる．しかし，工程をモニタリングしている場合は，非実験データであり，説明変数が互いに独立なことは稀である．このため，一般に相関関係を仮定する．

因果分析では，**図表 5.3**のモデルに因果推論を導入する．すなわち，説明変数間にも因果関係を考える．例えば，X2からX1へのパスを考える．この場合も，説明変数間の関係は，因果関係か相関関係かは，データからはわからない．因果関係はあくまでも分析者の仮説の表明である．因果分析では，因果を探索する過程が必要なのであり，それは技術的知見抜きには決められない．**図表 5.4**にこのときの因果モデルを示す．

X2からX1を介したX3への効果$\beta_{12} \times \beta_{31}$を間接効果という．X2からX3への直接の影響力$\beta_{32}$を直接効果という．そして，両者の和$\beta_{32} + \beta_{12} \times \beta_{31}$を総合効果とよんでいる．目的変数が2つ X_3, X_1 あり，もはや単純なLRMではな

5.1 古典的な手法との関係

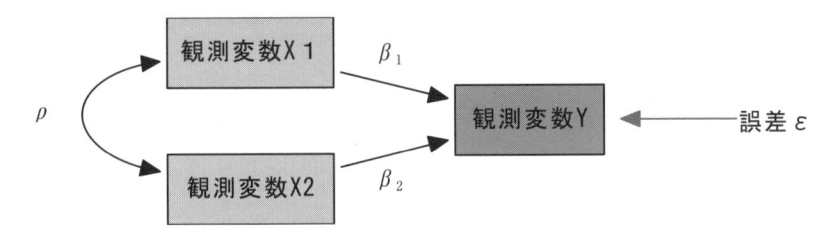

$$Y = \beta_1 X_1 + \beta_2 X_2 + \varepsilon$$

図表 5.3 説明変数が 2 つある場合の重回帰モデル

$$X_3 = \beta_{31} X_1 + \beta_{32} X_2 + \varepsilon_3$$
$$X_1 = \beta_{12} X_2 + \varepsilon_1$$

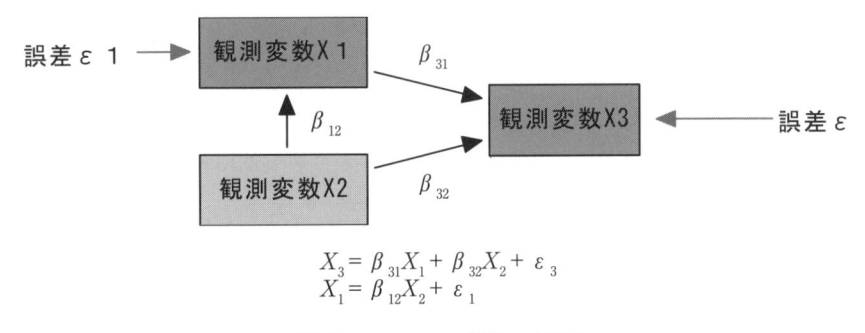

図表 5.4 3 つの変数の SEM

くなっている．見方を変えれば，**図表 5.4** は，重回帰モデルと単回帰モデルの組合せを表現しているパス図である．すなわち，構造方程式モデルになっている．構造方程式は，目的変数の数だけ必要である．**図表 5.4** では，2 本の構造方程式でモデルが表現されている．

5.1.2 因果モデルの分類

因果モデルには大きく分けて，逐次モデルと非逐次モデルがある．逐次モデルとは，パスのループ（パスが循環して 1 周する）を含まないモデルである．非逐次モデルは，逆にループを含むモデルである．特に，完全逐次モデルは，潜在変数は，観測された変数に付属する誤差だけで，観測変数間に完全な順序がつくものである．すなわち，観測された変数の個数が p 個あれば，

$$X_i = \sum_{j=1}^{i-1} \beta_{ji} X_j + \varepsilon_i \quad (i = 1, 2, \cdots, p) \tag{5.1}$$

となる．図表5.4は完全逐次モデルである．完全逐次モデルからパスが欠けたモデルを，非完全逐次モデルという．

5.1.3　因子モデルのSEM表現

変数X, Yの関係を因果分析の立場から考えると，因果関係，相関関係は同値モデルとなる．図表5.3のように，2つの変数に特に明確な関係がないのに相関が生じるということは，背後に真の原因であるZが存在し，Z→X, Z→Yといった関係が成立している場合が多い．通常，Zは観測されておらず，データベースにも登録されていない．このように誤差ではないが，未観測な変数（潜在変数）を因子とよぶ．因子を導入して，多変量データの相関構造を説明するモデルを潜在構造モデルとよぶ．

潜在変数をモデルに導入する以上，その値は，観測されている変数から推定可能である必要がある．一般に，潜在変数を推定するためには，複数の観測変数が必要である．典型的なモデルが図表5.5に示すような因子分析における1因子モデルである．このような構造を測定方程式という．

図表5.5は，以下の3つの方程式で構成されている．

$$\begin{cases} X_1 = 1 \times F + \varepsilon_1 \\ X_2 = a_2 \times F + \varepsilon_2 \\ X_3 = a_3 \times F + \varepsilon_3 \end{cases} \tag{5.2}$$

潜在変数は実際には観測されていないので，その平均や分散に不定性が生じる．誤差について平均0，分散1の仮定を設けたように，潜在変数についても，平均0とし，観測変数に向かうパスのどれか一つについて，そのパス係数を1にする制約をつける．この制約によって，他のパス係数や分散が推定可能となる．

第4章で取り上げた，成型工程の事例のなかで同じ性質の3つの中間特性に

5.1 古典的な手法との関係

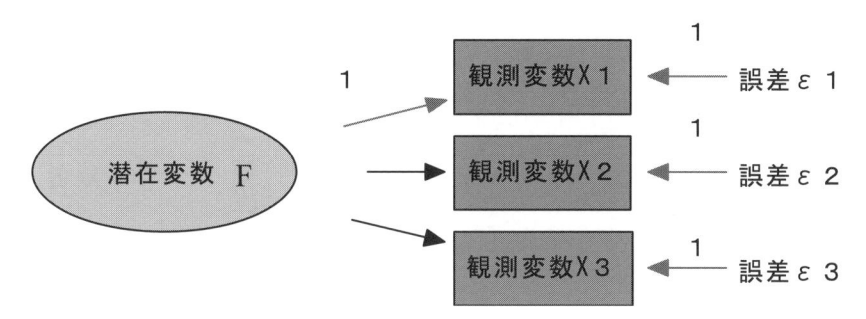

図表 5.5 典型的な潜在変数の計測構造モデル

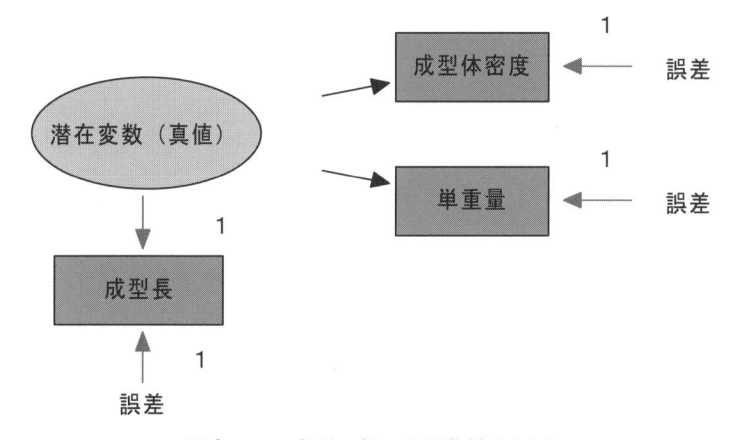

図表 5.6 成型工程の中間特性と因子

ついて考えてみよう．成型長の真値を潜在変数として導入したものが，**図表 5.6** である．どの観測変数へのパスを 1 に制約するかは自由であり，制約箇所を変えることで解析結果が本質的に異なるわけではない．しかし，因果関係の探索の過程として，ロジックをしっかりしておきたい．**図表 5.6** の因果仮説は，成型長という観測変数が潜在変数(真値)と誤差の和として計測されたという認識である．成型長の真値が，直接的にその成型体密度と単重量に影響を与えているという意思のあるモデルである．一方，中間特性はあくまで同質なものであるとした場合には，潜在変数から成型長へのパスを 1 に制約する必然性はな

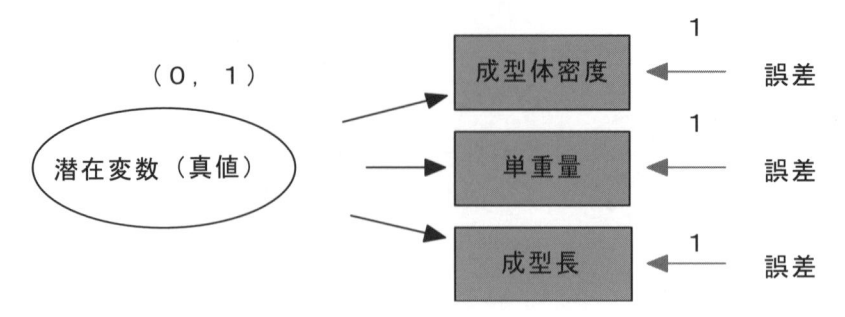

図表 5.7 成型工程の中間特性と因子

くなる．このような，潜在変数を直接的に計測したと見なせる観測変数がない場合は，図表 5.7 のようにパス係数への制約を外す代わりに，潜在変数の分散を 1 に制約する．求めた結果は本質的に同じであるが，因果仮説，意図は異なるモデルである．

潜在変数をいくつか導入して，その観測変数への影響を計測するモデルを検証的因子モデルという．成型工程のデータを使って当てはめを行ってみよう．図表 5.8 がそのときのパス図である．因子を F1：金型内の状態，F2：成型材の長さの真値と想定すれば，金型内の状態を直接的に計測されるものはないと考えて，F1 の分散に制約をつけるやり方となる．また，F2 は図表 5.6 を仮定し，直接的に計測した成型体の長さ（成型長）の真値を観測変数と仮定した．このため，真値から成型長へのパスを 1 と制約した．さらに，工程の順序関係から，因子間に F1→F2 を考えることにした．因子は，単に測定対象として位置づけられるばかりでなく，因子から観測変数，あるいは因子から因子へのパスを想定することによって，いっそう因果モデリングを柔軟かつ安定的に行うことができる．実際，お互いに強い相関関係が結果系観測変数や原因系観測変数に存在する場合には，そこに因子を配置することで，それらの相関関係を表現することができる．

また，このような因果探索の過程で，誤差の分散が負に推定されることが起こりえる．潜在構造の分析では，このような場合を不適解という．このような

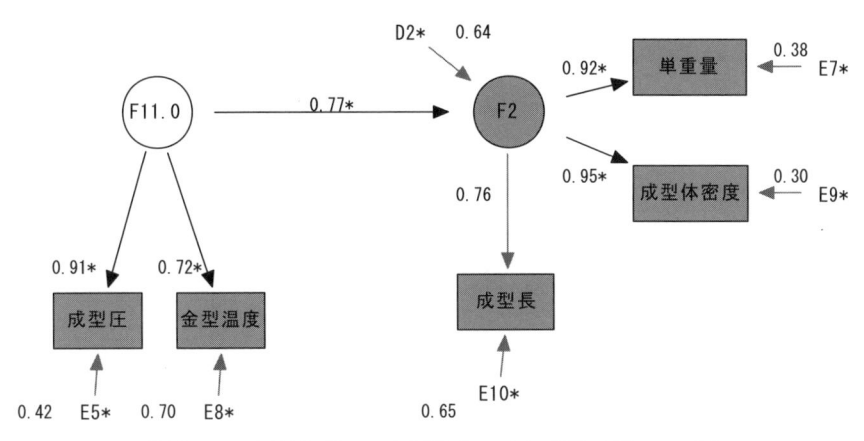

図表 5.8 因果仮説により制約をつけた成型工程のパス図

場合には，事実上分散は 0 ということだと解釈できるが，別の意味では，誤差なく真値を推定できるということでもあるので，その部分の因子を外して，観測変数のみで表現するという方便を用いることができる．

5.1.4 探索的因子分析と検証的因子分析

　古典的な因子分析を探索的因子分析とよぶことがある．探索的因子分析は，因子の個数模索や因子の回転という探索過程が必要である．この過程では，主観的要素が入りやすく，なぜその因子数としたか，なぜその回転方法を選択したのかといった問いに客観的に答えることが難しい．また，因子はすべての観測変数に影響を与え，因子負荷量の大きさを比較して，主として○○能力の因子のようだという解釈が試みられることが多い．解釈も恣意的な感じを受ける．

　一方，SEM のなかで行われる検証的因子分析では，因子に関する仮説・構成概念があらかじめ用意されているので，因子数は既定で，回転の過程もない．牛乳のパッケージ評価の事例（詳細は第 7 章）を使って比較しよう．**図表 5.9** のパス図で表せば，視覚的にはっきりするであろう．**図表 5.9** の下の検証的因子分析では，中身因子は，「欲しい」「手に取る」「買いたい」の評点に影響せず，

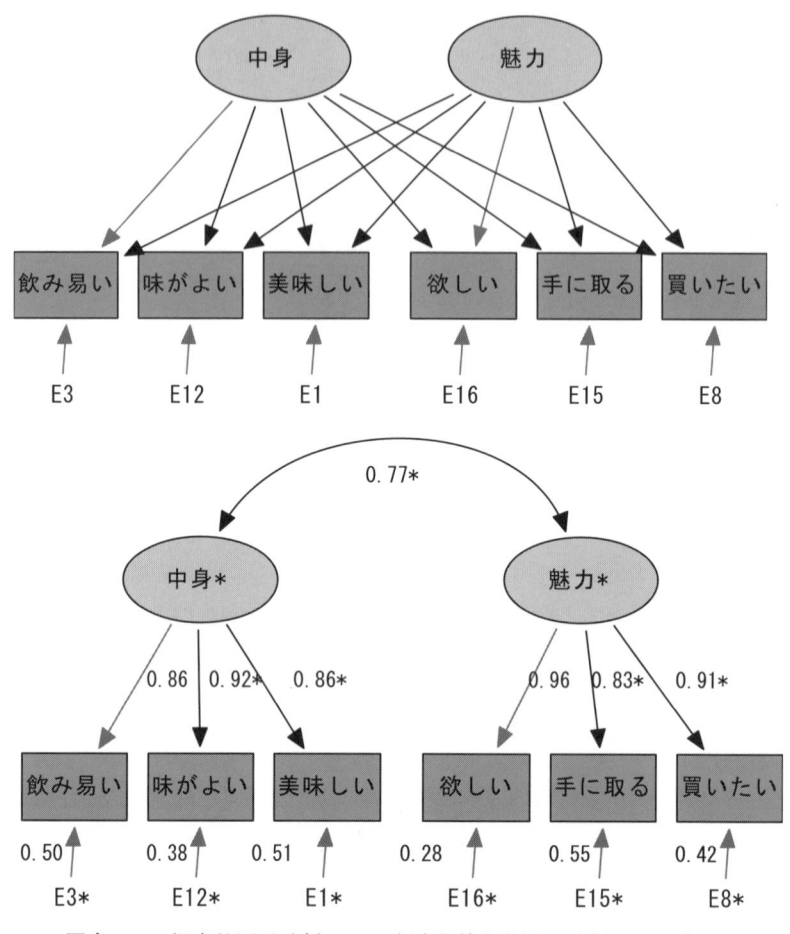

図表 5.9 探索的因子分析モデル(上)と検証的因子分析モデル(下)

魅力因子は,「飲み易い」「味がよい」「美味しい」に影響しないという仮説が表明されている.その場合に,中身因子と魅力因子が無相関であるという仮説は不自然であるから,両者には双方向矢線が引かれている.検証的因子分析では,一般に因子間に相関関係や因果関係を仮定する.このような仮説がデータと矛盾しないかを検証する意味合いから検証的因子分析とよばれる.このモデルを構造方程式で表現すれば,単回帰モデルが複数個ある連立方程式になって

いることがわかる．単純さは，式の構造だけでなく，因子負荷量，あるいはパス係数の解釈の容易さに通じる．

また，**図表5.9**の下から，中身因子と魅力因子間の相関構造の原因を潜在変数で表し，それを顧客価値因子と表現することも可能である．**図表5.10**に示す2次因子モデルはこのようにして拡張されたものであることが自然に受け止められるであろう．なお，「SEM因果分析編」では2次因子モデルの推定には回帰推定法を用いる．

5.2　多重指標モデル

図表5.10の2次因子モデルでは，因子間に因果関係の仮定が導入されている．このモデルになると検証的因子分析から，SEMへと変貌する．SEMではさまざまなモデル構成が可能であるが，そのなかで多重指標モデルが基本的なフレームである．**図表5.8**に示した成型工程の因果仮説も多重指標モデルである．因子間相関から因子間に因果関係を仮定することが，因子分析とSEMとの大きな違いとなる．SEMは，因子分析の発展の観点からは因子間に因果仮

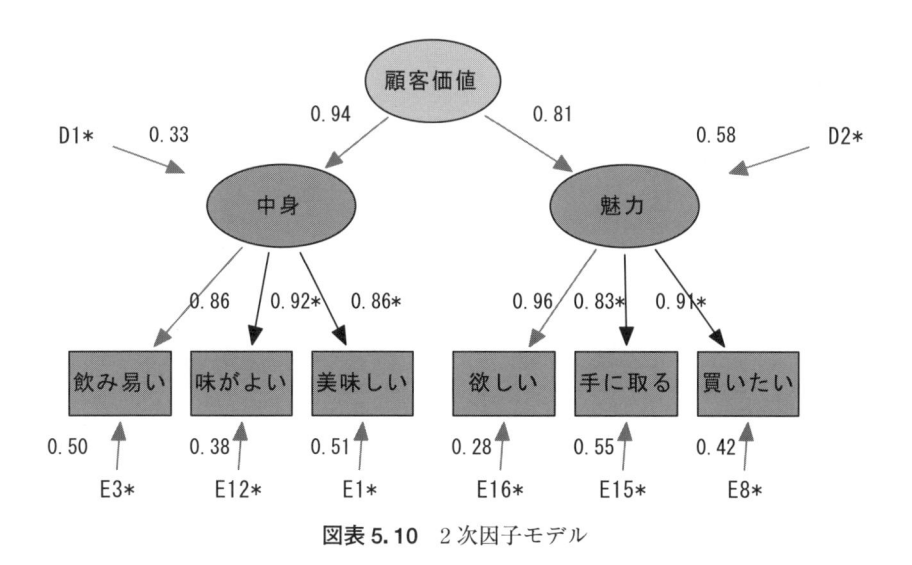

図表5.10　2次因子モデル

説を導入することであり，LRM の発展の観点からは潜在変数の導入である．多重指標モデルでは，測定方程式と構造方程式の組合せで表現されたモデルである．図表 5.8 を見やすい形にして再掲したものを図表 5.11 とする．このパス図を上下と左右に分解してみる．上半分の①が因子 F1 から F2 への因果を記述しているモデルで，構造方程式の部分である．また，左右で見ると，②③がそれぞれ測定方程式モデルの部分である．

構造方程式は一つで，

$$\eta_2 = \gamma\eta_1 + \delta \quad (F_2 = 0.77F_1 + D_2) \tag{5.3}$$

測定方程式は5本で，

$$\begin{aligned}
X_1 &= \alpha_1\eta_1 + \varepsilon_1 \quad (\text{成型圧} = 0.91F_1 + E_5) \\
X_2 &= \alpha_2\eta_1 + \varepsilon_2 \quad (\text{金型温度} = 0.72F_1 + E_8)
\end{aligned} \tag{5.4}$$

$$\begin{aligned}
Y_1 &= \beta_1\eta_2 + \varepsilon_3 \quad (\text{成型長} = 0.76F_2 + E_{10}) \\
Y_2 &= \beta_2\eta_2 + \varepsilon_4 \quad (\text{成型体密度} = 0.95F_2 + E_9) \\
Y_3 &= \beta_3\eta_2 + \varepsilon_5 \quad (\text{単重量} = 0.92F_2 + E_7)
\end{aligned} \tag{5.5}$$

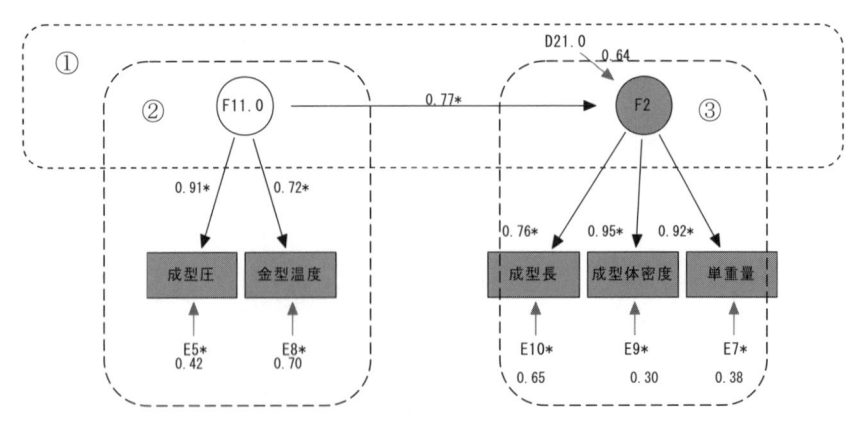

図表 5.11 多重指標モデルの例

である．式の括弧内は**図表 5.11** に対応させている．多重指標モデルは，因子間の因果分析だと見なすことができる．観測変数のみからなる因果分析では，因果関係の記述が複雑になりやすいが，複雑さは欠点ともなる．その対処法は変数の除去で，重要な変数だけを残して因果モデルを構成することである．生産現場でのモデリングは，重要な変数だけを見つけることが，品質管理を簡単にできるから有用である．

一方，変数の除去は情報量の損失につながる．対処のもう一つは，潜在変数の導入による情報の縮約である．工程でも真値が不明であったり，推定精度が曖昧であったりすることもある．あるいは，ブラックボックスをメカニズムに組み込みたい場合もあるだろう．そのような場合，複数の変数で真値，あるいはブラックボックス化した対象を少しずつ違う角度から間接的に測定して真に迫りたいのである．観測変数を捨てることなく，情報を活用し，本質的な因果関係を因子の導入によって簡潔に表現する．因子の測定は誤差を避けられないが，多重指標モデルは誤差の処理に対して優れた性質をもっている．それは，目的変数および説明変数の両方に誤差を仮定できることである．

① δ：因子間の因果関係の誤差すなわち，$\eta_1 \rightarrow \eta_2$ の誤差
② ε：説明因子 η_1 の説明変数 X の測定誤差
③ ε：目的因子 η_2 の目的変数 Y の測定誤差

上記の①から③に誤差を分離する．これにより，3種類の誤差のうち問題がどこにあるのかを知ることができる．さらに誤差の分離は興味の主題である因子間の因果関係とは直接関係のない誤差を切り捨て，δ という因子間因果 $\eta_1 \rightarrow \eta_2$ に関する部分のみを残している．実に巧みな手法である．誤差を含んで観測されている観測変数間の相関は誤差で薄められている．多重指標モデルは，観測変数のなかから真値を取り出して，因子間因果を測定する．正に，単純構造化と希薄化の修正を同時に行っているのである．

5.3 MIMIC モデル

多重指標多重原因(Multiple Indicator Multiple Causes：MIMIC)モデルは，

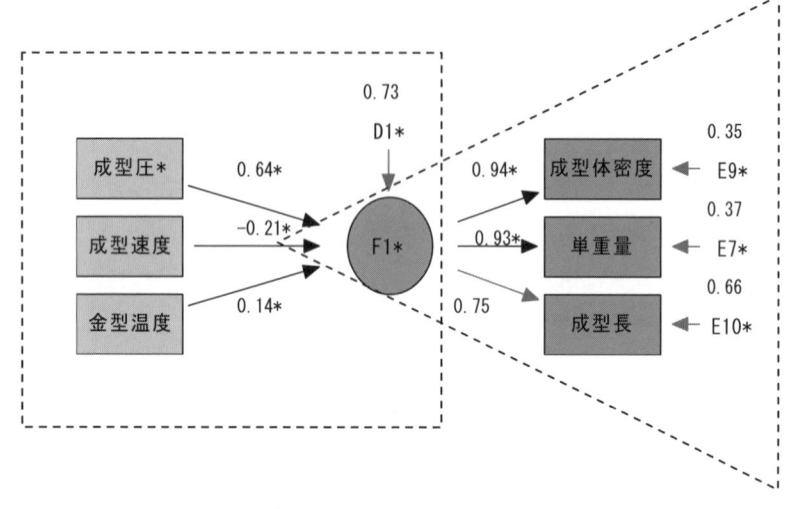

図表 5.12 MIMIC モデルの例

因子分析を行った結果の因子得点に対する LRM を合成したモデルである．

具体的に**図表 5.12** を見てほしい．右の破線の三角形部分が1因子因子分析モデルであり，その因子得点を目的変数にした LRM が，左側の破線の四角部分である．なぜなら，誤差変数 D1 が F1 に付随しているからである．つまり，F1 は，前工程の成型圧，成型速度，金型温度には属さないもので，F1 は製品の出来栄えを成型体密度，単重量，成型長を観測したものと因果仮説を設定したことになるのである．

5.4 モデリングの作法

SEM によるモデル構築手順に絶対的な規則があるわけではないが，原則的なステップは存在する．大雑把に言って，以下の2つの手順で構成される．

手順1 検証的因子分析を行い，納得できる測定方程式モデルをつくる．その際，GM の力を借りて因子構造を探索する方法もある．

手順2 因子間の因果関係を設定し，構造方程式モデルをつくる．ここでも，GM の独立グラフから因果グラフを活用すると効率的である．

手順1から2への変化は，因子間相関関係から因子間因果関係への変容に相当する．パス図でいうならば，すべて双方向矢線が必要な矢線に進化するということである．相関関係と因果関係とは同値モデルである．方向の導入には仮説が必要である．仮説には技術知見が必要である．仮説が曖昧な場合には，始めに仮説探索のプロセスが入るだろう．その際には，GM のコンセプトが適している．また，仮説が強固な場合であっても GM で確認することは効率化となる．いきなり構造方程式モデルをつくると，推定の不安定さから不適解や解が定まらない場合もある．あるいは，適合度が許容できない場合もあるだろう．そのような状態に陥った場合に試行錯誤的に変数選択を繰り返すのはあまり賢明な対処法ではないからである．

5.5 変数選択と適合度指標

図表 5.13 に示す人工的な 3 変数 ($n=30$) で SEM の変数選択の様子を変数減少法によって確認してみよう．ここで，変数の因果関係は C→A→B としよう．すなわち，*FM*（フルモデル）の状態であれば，図表 5.14 に示すように C→A，C→B，A→B の 3 本の矢線が引かれている．変数選択では，パスの切断にはワルド検定の結果を，パスの接続には LM 検定の結果を使うとよい．

図表 5.13 相関係数行列

$$R = \begin{pmatrix} 1.00 & & \\ 0.126 & 1.00 & \\ -0.445 & -0.563 & 1.00 \end{pmatrix}$$

① *FM*：スタート（図表 5.14）
カイ 2 乗値 $= 0.000\,(df=0)$　p 値 $= 1.000$
NFI $= 1.000$　*CFI* $= 1.000$　*GFI* $= 1.000$
AGFI $= 1.000$　*SRMR* $= 0.000$
ワルド検定の候補　A→B を切断
LM 検定の候補　なし

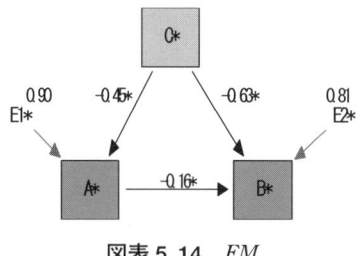

図表 5.14 *FM*

② $RM1: A \to B$ を切断（**図表 5.15**）

 カイ 2 乗値 $= 0.833\,(df = 1)$ p 値 $= 0.361$

 $NFI = 0.954$ $CFI = 1.000$ $GFI = 0.981$

 $AGFI = 0.889$ $SRMR = 0.051$

 ワルド検定の候補　なし

 LM 検定の候補　なし

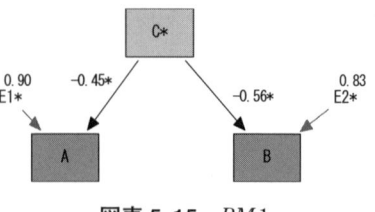

図表 5.15　$RM1$

③ $RM2: C \to A$ を切断（**図表 5.16**）

 カイ 2 乗値 $= 7.233\,(df = 2)$ p 値 $= 0.026$

 $NFI = 0.605$ $CFI = 0.658$ $GFI = 0.872$

 $AGFI = 0.615$ $SRMR = 0.189$

 ワルド検定の候補　なし

 LM 検定の候補　$C \to A$ を戻し

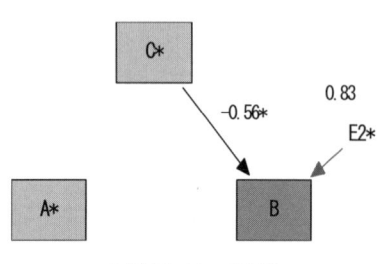

図表 5.16　$RM2$

④ $NM: C \to B$ を切断（**図表 5.17**）

 カイ 2 乗値 $= 18.288\,(df = 3)$ p 値 $= 0.000$

 $NFI = 0.000$ $CFI = 0.000$ $GFI = 0.739$

 $AGFI = 0.477$ $SRMR = 0.297$

 ワルド検定の候補　なし

 LM 検定の候補　$C \to B$, $C \to A$ を戻し

図表 5.17　NM

変数選択を順次行って，パス係数のいくつかを切断した i 番目の $RM(i)$ を採択していく際に，得られた $RM(i)$ が妥当であるか，すなわち，$RM(i)$ がデータによく適合しているかどうかを定量的に評価したい．そのための指標にカイ 2 乗統計量がある．変数選択により得られた $RM(i)$ の共分散行列の推定値を $\Sigma(\hat{\theta}_{(i)})$ で表すとき，

$$\chi^2 = (n-1)\left\{ tr\left(\Sigma(\hat{\theta}_{(i)})^{-1}\mathbf{S}\right) - \log\left|\Sigma(\hat{\theta}_{(i)})^{-1}\mathbf{S}\right| - p \right\} \tag{5.6}$$

が近似的に自由度 $\frac{1}{2}p(p+1)-q$ のカイ 2 乗分布に従うことを利用する[1]. ここで，$|\cdot|$ は行列式を，n はデータ数を，q を推定したいパラメータを，$\mathbf{S}$ は分散共分散行列を表す．カイ 2 乗値は n に影響を受ける量である．n が多くなれば，それだけ有意になりやすい．検定の理屈によると，有意であればパス係数を 0 と決めつけることは危険である．逆に，有意でなくてもパス係数は 0 であると言い切れない．このため，$n=200$ 程度の中規模標本であればカイ 2 乗検定の p 値を参考にして，FM に対しては p 値 $= 0.2 \sim 0.5$ を目安とする．

先の例では RM1 の p 値は 0.361 であったから，このモデルから得られた標本の相関係数行列が出現することは現実的にありうると判断する．

また，n に影響を受けない GFI は，FM の相関係数と $RM(i)$ の相関係数の当てはまりの良さを表すもので，

$$GFI = 1 - \frac{tr\left[\left\{\sum(\hat{\theta}_{(i)})^{-1}\mathbf{S}-\mathbf{I}\right\}^2\right]}{tr\left[\left\{\sum(\hat{\theta}_{(i)})^{-1}\mathbf{S}\right\}^2\right]} \tag{5.7}$$

で計算する．AGFI は GFI に自由度のペナルティを科したものである．

$$AGFI = 1 - \frac{p(p+1)}{2df}(1-GFI) \tag{5.8}$$

なお，ここで p は観測変数の数を表す．

NFI は，$RM(i)$ の逸脱度が FM の逸脱度と NM の間のどの位置にあるかを相対的に表したものである．

$$NFI = 1 - dev\{RM(i)\}/dev(NM) \tag{5.9}$$

CFI は，NFI を改良したもので

---

1) N を標本数，n を観測変数の数，p を推定したいパラメータ数と表記する場合がある．

$$CFI = 1 - \frac{\max((n-1)f_{ML} - df, 0)}{\max((n-1)f_0 - df_0, 0)} \tag{5.10}$$

ここで，f の下付きの添え字に 0 とあるのは FM を意味している．df_0 は $p(p-1)/2$，f_0 は $tr\left((diag(\mathbf{S}))^{-1}\mathbf{S}\right) - \log\left|(diag(\mathbf{S}))^{-1}\mathbf{S}\right| - p$ であり，f_{ML} は $tr\left(\Sigma(\hat{\theta}_{(i)})^{-1}\mathbf{S}\right) - \log\left|\Sigma(\hat{\theta}_{(i)})^{-1}\mathbf{S}\right| - p$ である．

GFI，NFI，CFI は 0 から 1 の間の値をとり，1 に近いほど適合が良いと判断する．経験的には，0.95 以上で当てはまりが良いと判断する．AGFI は GFI にペナルティを科したものであるが，当てはまりが悪い場合には負の値をとることがある．AGFI は 0.90 以上で当てはまりが良いと判断する．SRMR は残差の指標で，

$$SRMR = \sqrt{\frac{2}{p(p+1)}\sum_{i \leq j}(r_{ij} - \hat{\rho}_{ij})^2} \tag{5.11}$$

と計算する．SRMR は，上記の 3 つの指標と違い小さいほうが良い．SRMR が，0.05 以下だとモデルと標本相関係数行列との乖離が小さいと判断する．

RM1 では NFI = 0.954，CFI = 1.000，GFI = 0.981，AGFI = 0.889，SRMR = 0.051 であったから当てはまりが良いと判断する．RM2 になるとカイ 2 乗値やいずれの適合度指標も低下しており，RM1 を採用すればよいことがわかる．

第6章　SEMによる因果分析の実際

　第5章で説明したSEMを品質管理の世界で活用するための方法について論じる．実験研究で得られるデータに比べて，生産現場で収集されるデータの多くは観察研究にもとづくものであり，測定誤差や管理不可能な工程のばらつき，要因の交絡などの影響により，データ精度が良くないことが知られている．そのうえ，中間特性や工程の状態を表すような制御できない測定データも多い．本章では，測定誤差の影響で変数間の関係に希薄化が起きることを防ぐ目的を含めて，成型工程の事例を通じて，潜在変数の導入によるモデル適用の広がりを紹介する．

6.1　因果関係の可視化

　前掲の**図表4.20**では，GMを使って成型工程の因果構造を明示した．ここでは，得られた因果構造の影響力を定量化することを考える．**図表4.20**をSEMの解析用に表現し直したものが，**図表6.1**である．

　このモデルにおいて，定量的な効果を把握するためにパラメータの推定を行う．得られた推定値はパス係数とよばれ，LRMの標準偏回帰係数に対応するものである．GMは偏相関係数を使って相関係数を推定するモデルであり，パス係数の推定を目的としていない．パス係数の推定には，SEMを使うとよい．SEMで得られたグラフをパス図といい，独立グラフや因果グラフと区別する．パス図では，変数間の関係を片方向，および双方向の矢線で表し，矢線をパスということがある．

　図表6.1のパス図と**図表4.20**の因果グラフとを比べてみよう．因果グラフ

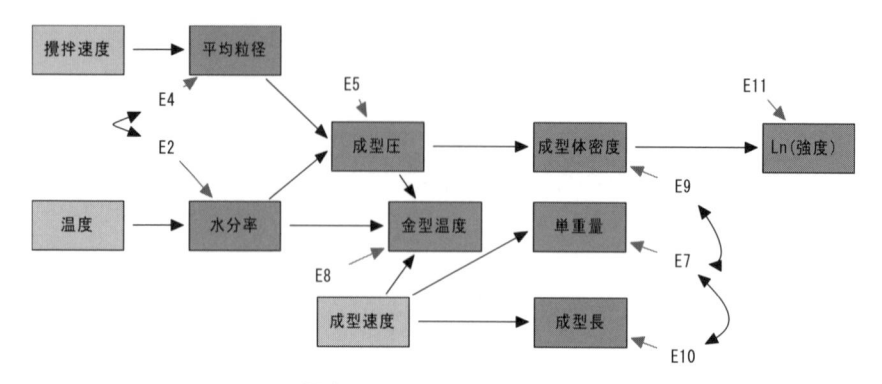

図表 6.1 パス図による表現

とパス図の違いは,パス図では誤差変数の概念が追加されている点,および誤差変数間に双方向のパスが引かれている点に特徴がある.GM と異なり,SEM では誤差と効果を分解する.この誤差間の相関が,因果グラフでは偏相関として表現されていた.さらに潜在変数を導入することもできるが,潜在変数については後述する.

「SEM 因果分析編」では,**図表 6.1** のようなパス図を作成すると,それに従うパラメータを推定し,モデルの適合度を表す統計量を出力する.

図表 6.2 は,SEM を使って求めた標準解のパス係数を,パス図に追記したものである.表示されている数値は標準化したパス係数を示している.

このモデルの適合度を**図表 6.3** に示す.カイ 2 乗の p 値は,0.00000 であるから高度に有意である.これは,何を意味しているのだろうか.p 値は,求めたモデルが母集団を表現したものであるとしたときに,そこから解析に使った n 個(ここでは $n = 100$ 個)のデータが標本として得られる可能性を意味しており,実質的にゼロであるという結果である.たしかに,求めたモデルのパスの本数があまりにも少なすぎる(55 本のパスからわずか 14 本のパスに単純化)ので,情報量が減りすぎたという警告である.では,どの程度の情報量が損失したかというと,GFI あるいは AGFI の値を見るとよい.これらの値は,大雑把にいうと 0.8 である.情報の 2 割の損失だが,統計学上では許容しがたい大

6.1 因果関係の可視化

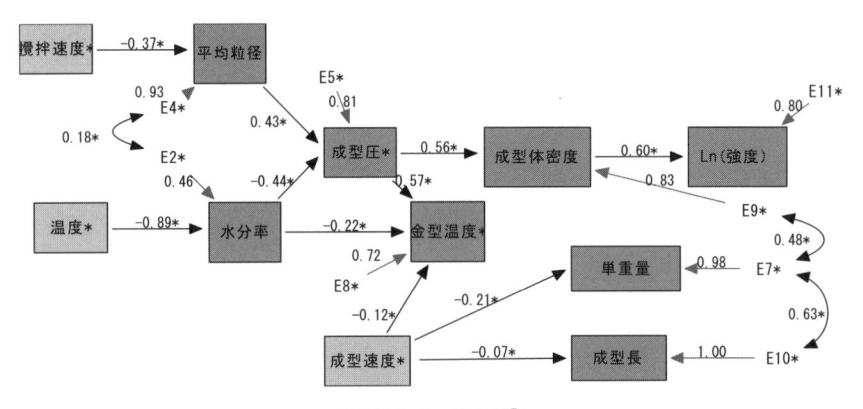

図表 6.2 SEM ①

カイ二乗検定

	検定統計量	自由度	P値
INDEPENDENCE MODEL CHI-SQUARE	668.74000	55	
MODEL CHI-SQUARE	141.82000	41	0.00000
MINIMIZED MODEL FUNCTION VALUE	1.43250		

適合度指標

	略称	推定値
BENTLER-BONETT NORMED FIT INDEX	NFI	0.78793
BENTLER-BONETT NON-NORMED FIT INDEX	NNFI	0.77964
COMPARATIVE FIT INDEX (CFI)	CFI	0.83573
BOLLEN (IFI) FIT INDEX	IFI	0.83939
MCDONALD (MFI) FIT INDEX	MFI	0.60405
LISREL AGFI FIT INDEX	AGFI	0.73735
LISREL GFI FIT INDEX	GFI	0.83684
ROOT MEAN-SQUARE RESIDUAL (RMR)	RMR	0.12600
STANDARDIZED RMR	SRMR	0.20388
ROOT MEAN-SQUARE ERROR OF APPROXIMATION (RMSEA)	RMSEA	0.15760
CONFIDENCE INTERVAL FOR RMSEA (LOWER BOUND)		0.12890
CONFIDENCE INTERVAL FOR RMSEA (UPPER BOUND)		0.18508

情報量規準

	統計量
INDEPENDENCE AIC	558.74000
MODEL AIC	59.81900
INDEPENDENCE CAIC	360.45000
MODEL CAIC	-87.99300

図表 6.3 SEM ①の適合度

きさの損失である．しかし，現場では何を直さなければならないか，がわかるほうが重要である．パスが多く合流が煩雑であれば，何をすればよいかは不明確となる．現場は，打った手で改善したか否かを結果で確認する．役に立ったか否かは，そこでわかる．実務においては，統計量や適合度指標の目安に囚われすぎても，改善が進まない．気づきが得られたら，すぐにアクションを起こすべきであろう．

今回のケースでは，現実に制御できる項目は成型速度と上流の混合(2)の温度と撹拌速度まで遡らなければならない．成型工程の成型圧は，水分率や平均粒径により変化するので，前工程の結果に影響される．管理を強化するには調整作業が必要となる．しかし，下手な調整を行うとかえってハンティング現象を起こし，ばらつきが増大する．水分率や平均粒径が変化しても成型圧が変化しないことが望ましい改善である．しかし，現実はそう簡単に制御できないのであろう．また，成型圧を制御する以外にも強度に影響を与える要因が存在するのだろうが，今回の調査では突き止められていない．さらなる向上のために，工程調査の深掘りが必要となるであろう．

本事例では，第2章でLRMを繰り返し使い，段階的にモデルをつくり，改善のヒントを摑んだ仮説成長のステップを紹介した．第4章ではGMにより独立グラフを作成し，観念的・定性的な因果仮説の探索過程を紹介した．さらに，独立グラフで得られた因果仮説について，GMを使ってその妥当性を検証した．本章では，得られた因果グラフをSEMで解析できることを示した．いきなり因果仮説を構築する困難さを回避する，GMの独立グラフ→因果仮説の設定→GMの因果グラフ→SEMのパス図というアプローチは，直観的で非常に効率的であることが理解されたであろう．

6.2 潜在因子としての中間特性

6.1節では，潜在因子を想定しないパス解析を紹介した．成型工程の事例では，工程の因果関係を同定できたが，構築したモデルの当てはまりは，それほど精度が良いものではない．また，モデルのなかで，金型温度・単重量・成型

6.2 潜在因子としての中間特性

長といった変数が影響を与える後続変数がなく不自然であり，誤差変数間に相関関係を設定している．そのような場合に，単重量・成型長といった中間特性に着目して，因子をモデルに導入することで，因果関係の理解が深まることがある．例えば，中間特性である成型体密度・単重量・成型長は，工場から出荷する材料強度に対する中間特性であり，材料の内面に発生しているかも知れない気泡や混合不良などの状態を測定しやすい表面的な尺度(長さ・重さ・密度など)で代用しているものである．したがって，代用特性群の間に，直接に測定できない潜在変数を組み込み，それを成型後状態という因子F1で表現したらどうであろうか．F1は，成型圧・金型温度・成型速度といった工程条件である変数の影響を受けているというモデルを考えるのである．それを表現し，パス係数まで求めたものが，図表6.4のパス図である．

図表6.4を解釈してみよう．成型圧・金型温度・成型速度といった制御因子により，材料が出来上がってくるが，成型圧をかけ，金型の温度を上げ，成型速度を下げると結果として強度の向上した材が得られることを表している．これは，図表6.2のモデルとは明らかに違う．図表6.4では制御因子である成型

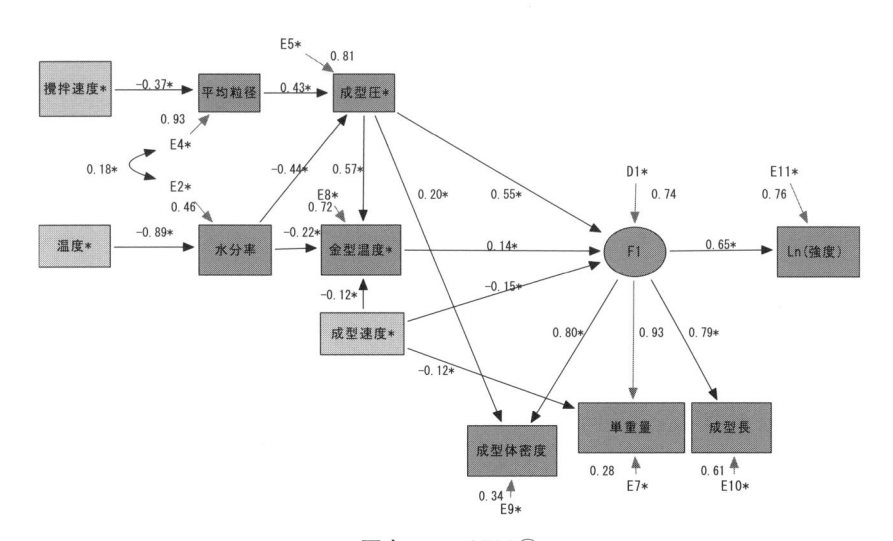

図表 6.4 *SEM ②*

カイ二乗検定

	検定統計量	自由度	P値
INDEPENDENCE MODEL CHI-SQUARE	668.74000	55	
MODEL CHI-SQUARE	20.93800	38	0.98881
MINIMIZED MODEL FUNCTION VALUE	0.21150		

適合度指標

	略称	推定値
BENTLER-BONETT NORMED FIT INDEX	NFI	0.96869
BENTLER-BONETT NON-NORMED FIT INDEX	NNFI	1.04020
COMPARATIVE FIT INDEX (CFI)	CFI	1.00000
BOLLEN (IFI) FIT INDEX	IFI	1.02710
MCDONALD (MFI) FIT INDEX	MFI	1.08910
LISREL AGFI FIT INDEX	AGFI	0.93590
LISREL GFI FIT INDEX	GFI	0.96309
ROOT MEAN-SQUARE RESIDUAL (RMR)	RMR	0.04591
STANDARDIZED RMR	SRMR	0.03567
ROOT MEAN-SQUARE ERROR OF APPROXIMATION (RMSEA)	RMSEA	0.00000

情報量規準

	統計量
INDEPENDENCE AIC	558.74000
MODEL AIC	-55.06200
INDEPENDENCE CAIC	360.45000
MODEL CAIC	-192.06000

図表 6.5　SEM ②の適合度

圧・金型温度・成型速度の意味がはっきりしていて，成型圧・成型速度はＦ１以外にも，直接に代用特性に影響を与えていることも示唆される．

次に，SEM ②の当てはまりを調べてみよう．**図表 6.5**が適合度のまとめである．潜在因子を想定しない SEM ①に比べて，潜在因子を導入し3本のパスを追加した SEM ②のほうが，カイ2乗検定の結果，GFI，AGFI など飛躍的に向上している．カイ2乗検定の結果からは，**図表 6.4**で想定した SEM ②を母集団とする工程から，100 の標本を取り出して相関係数行列を計算したら，前掲の**図表 4.1**が得られた．そのようなことが起こりえる可能性を p 値と考えれば，90% 超の可能性がある．すなわち，想定したモデルは現実によく合っていることがデータから示せたのである．

6.3　2つの潜在因子を想定

今度は，SEM ②に成型前の混合状態に因子Ｆ２を１つ追加することを考え

る．2因子のモデルである．因果は工程の順序に従ってF2→F1である．**図表6.6**が想定したSEM③のパス図である．見方によれば，SEM②の1因子を成型前後で分解した意味づけになっている．このモデルでは，金型温度を制御因子から工程の状態を表す変数に変更した点がSEM②との差異である．設備の金型温度を設定する条件は，ほぼ同じであるはずだから，金型の温度が変動しているのは，F2が変動して金型に入ってきたという想定である．成型圧と成型速度は，F2およびF1へのパス係数はほぼ同じである．

成型圧は，平均粒径や水分率によって変動する．成型速度は，平均粒径や水分率などに影響されないこともわかる．**図表6.7**はSEM③の適合度である．ほぼSEM②と同等である．

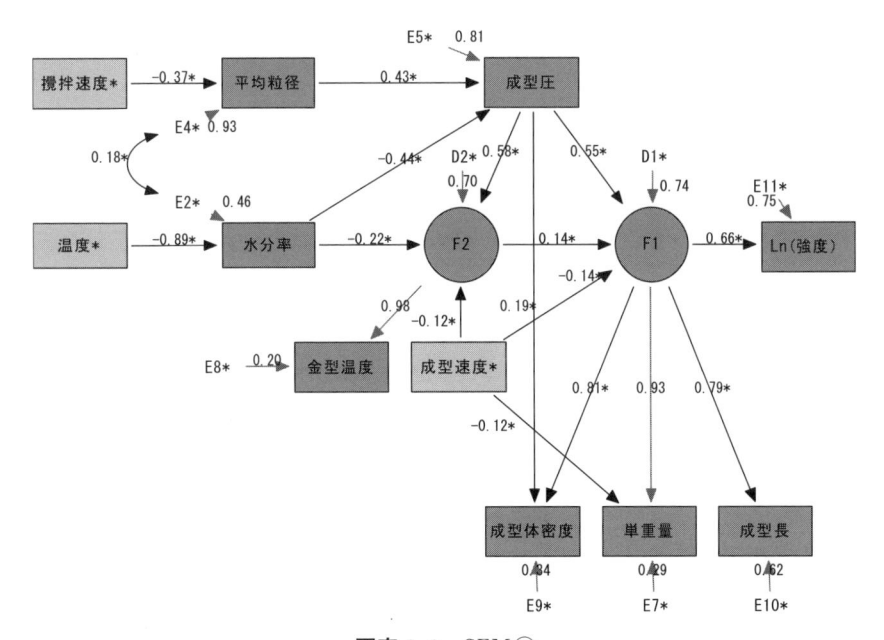

図表6.6 SEM③

カイ二乗検定

	検定統計量	自由度	P値
INDEPENDENCE MODEL CHI-SQUARE	668.74000	55	
MODEL CHI-SQUARE	20.93100	37	0.98451
MINIMIZED MODEL FUNCTION VALUE	0.21143		

適合度指標

	略称	推定値
BENTLER-BONETT NORMED FIT INDEX	NFI	0.96870
BENTLER-BONETT NON-NORMED FIT INDEX	NNFI	1.03890
COMPARATIVE FIT INDEX (CFI)	CFI	1.00000
BOLLEN (IFI) FIT INDEX	IFI	1.02540
MCDONALD (MFI) FIT INDEX	MFI	1.08370
LISREL AGFI FIT INDEX	AGFI	0.93413
LISREL GFI FIT INDEX	GFI	0.96307
ROOT MEAN-SQUARE RESIDUAL (RMR)	RMR	0.04616
STANDARDIZED RMR	SRMR	0.03584
ROOT MEAN-SQUARE ERROR OF APPROXIMATION (RMSEA)	RMSEA	0.00000

情報量規準

	統計量
INDEPENDENCE AIC	558.74000
MODEL AIC	-53.06900
INDEPENDENCE CAIC	360.45000
MODEL CAIC	-186.46000

図表 6.7　SEM③の適合度

6.4　制御因子と中間特性の性質に留意した SEM

　さらに，工程の変数の性格から，制御因子と中間特性とに分類して SEM を作成してみる．図表 6.8 に示すように，上側に制御因子，下側に中間特性を配置する．中央に因子 F1 と F2 を配置し，右端に最終の品質特性である強度を配置する．また，いままでの議論から，制御因子であっても前工程の材料特性の変動に影響を受けることがわかってきたので，パスの向きにも注意してモデリングを行った．これより，金型温度と成型圧が成型前の材料の状態 F2 に影響を受けていることがわかってきた．逆に成型速度は，成型後の状態 F1 に影響を与えていることも整理できた．さらに，F2→F1→強度のパス係数による伝搬もよりはっきりしてきた．こうして成型工程の因果関係を同定することができた．第 2 章の最初に議論した LRM だけでは，このような深掘りしたモデ

6.4　制御因子と中間特性の性質に留意したSEM　　　　　　　　　91

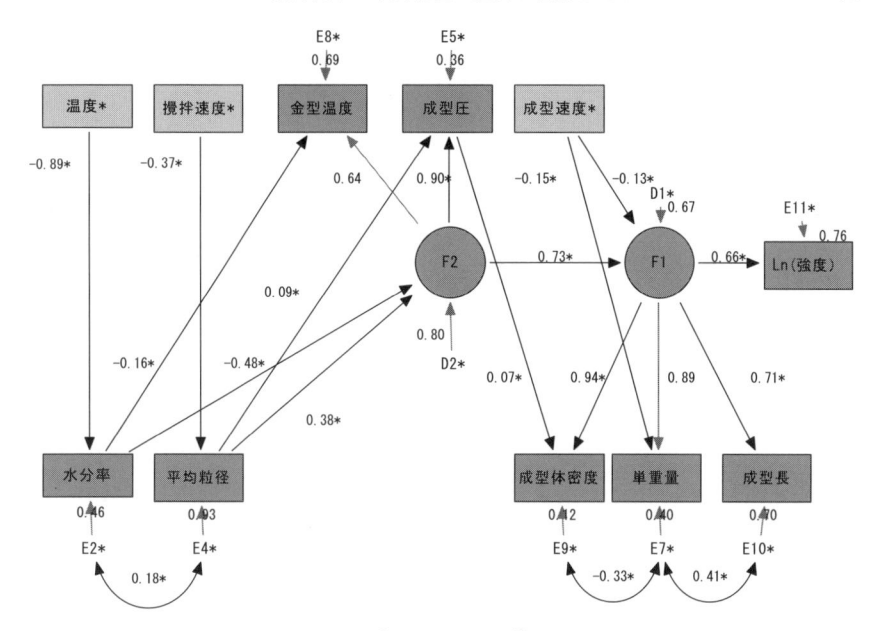

図表6.8　*SEM* ④

リングや考察ができるであろうか．SEMやGMを品質管理の分野で活用するには，固有技術抜きには語れない．因子をどこにどう使い意味づけを行うには，なおさら固有技術は不可欠である．しかし，固有技術を深めてくれるのは，因果モデルを探索から同定までのプロセスであり，その手段として**図表6.8**のようなパス図による可視化が，技術者の暗黙知を形式知に変えるために有益であり，固有技術をさらに豊かにしてくれるのだろう．

最後に，*SEM*④の適合度についてまとめる．*SEM*④の適合度指標を**図表6.9**に示す．カイ2乗検定の結果や*GFI*，*AGFI*などいずれも良好な値を示している．

カイ二乗検定

	検定統計量	自由度	P値
INDEPENDENCE MODEL CHI-SQUARE	668.74000	55	
MODEL CHI-SQUARE	17.56100	36	0.99583
MINIMIZED MODEL FUNCTION VALUE	0.17738		

適合度指標

	略称	推定値
BENTLER-BONETT NORMED FIT INDEX	NFI	0.97374
BENTLER-BONETT NON-NORMED FIT INDEX	NNFI	1.04590
COMPARATIVE FIT INDEX (CFI)	CFI	1.00000
BOLLEN (IFI) FIT INDEX	IFI	1.02910
MCDONALD (MFI) FIT INDEX	MFI	1.09660
LISREL AGFI FIT INDEX	AGFI	0.94446
LISREL GFI FIT INDEX	GFI	0.96970
ROOT MEAN-SQUARE RESIDUAL (RMR)	RMR	0.05412
STANDARDIZED RMR	SRMR	0.03739
ROOT MEAN-SQUARE ERROR OF APPROXIMATION (RMSEA)	RMSEA	0.00000

情報量規準

	統計量
INDEPENDENCE AIC	558.74000
MODEL AIC	-54.43900
INDEPENDENCE CAIC	360.45000
MODEL CAIC	-184.23000

図表 6.9 *SEM ④の適合度*

第7章　事例研究

本章では，品質管理分野にかかわる6つの事例を紹介する．紹介する事例の範疇は，感性評価や実験データや工程データなど多岐にわたっている．また，事例のなかでは，理解を深めるために古典的な方法論との比較を行ったものや，早く正しく因果仮説を想定するための方法として，GM と SEM をうまく融合させた解析過程を詳しく紹介したものを含んでいる．

7.1　IC 工程の因果分析（GM から SEM へ）

7.1.1　事例概要

製造工程のデータでは，説明変数間にも順序や因果関係が期待される場合が多い．このような場合には，因果モデルで現象を記述したほうがわかりやすい．本節では，IC 製造工程の事例（永田・廣野ほか(1999)）を取り上げる．本事例は，変数間に工程の先行・後続関係による順序がついており，工程の順序を考慮した要因解析を行うために，有向独立グラフによるモデリングを行ったものである．有向独立グラフによるモデリングは，いくつかのステップにより実行しなければならない点に注意しよう．

IC 製造工程は約 200 程度の工程からなり，開始から完成（ウエハ状態）まで 1 カ月ほどの工期である．製造上，管理しているパラメータは要因の代用特性である．CMOS-IC では，特に閾値電圧 Vth の高精度化が要求される．

P チャネルの閾値電圧 Vth を特性として，それに物理的に影響を与える要因を検討した．Vth に対しては，基板濃度・固定電荷・ゲート酸化膜厚 TOX な

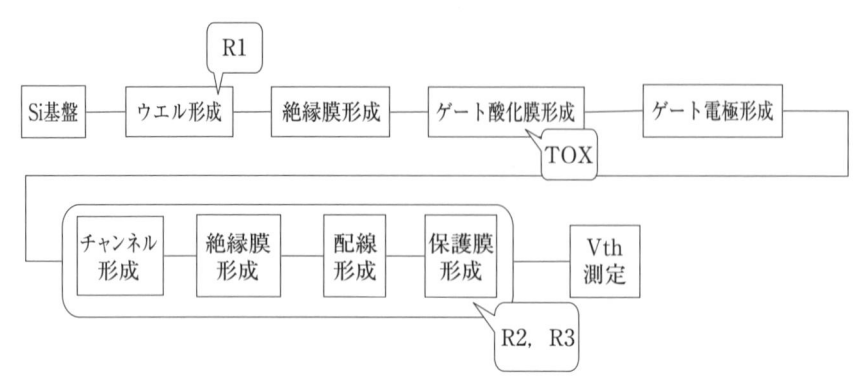

図表 7.1 IC 工程の概要

どが影響を与える．しかし，工程で測定が容易なのは TOX のみである．基板濃度とは全工程終了時の濃度であり，数回の高温熱処理が途中にあり物理測定が困難である．代用特性として，ウエル形成時のモニタウエハの抵抗 R1 を用いる．また，熱処理工程の影響を見るために，A 特性の抵抗 R2 と P チャネルの抵抗 R3 を用いる．簡略化した工程の流れを**図表 7.1** に示す．本工程での先行後続性を R1→TOX→R2→R3→Vth であるとした．

7.1.2 因果の想定

TOX は R2，R3 に影響を与え，R2 は R3 に影響し，かつ R2，R3 が Vth に影響を与えると思われたので，因果構造を**図表 7.2** のように仮定した．この

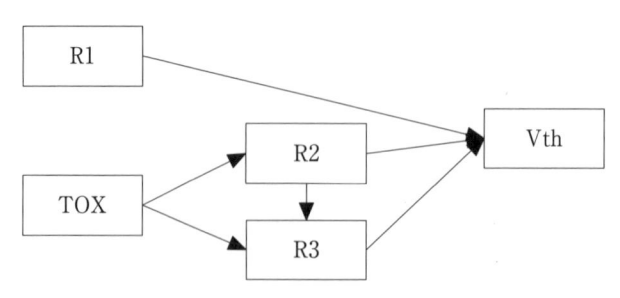

図表 7.2 IC 工程の因果構造の想定

7.1 IC工程の因果分析（GMからSEMへ）

図表7.3 IC工程の5変数の相関係数行列

	R1	TOX	R2	R3	Vth
R1	1.0000	0.0150	0.0760	-0.0770	0.3610
TOX	0.0150	1.0000	-0.4280	0.4410	-0.3990
R2	0.0760	-0.4280	1.0000	-0.2060	0.4230
R3	-0.0770	0.4410	-0.2060	1.0000	-0.7960
Vth	0.3610	-0.3990	0.4230	-0.7960	1.0000
STD_D	1.0000	1.0000	1.0000	1.0000	1.0000
MEA	0.0000	0.0000	0.0000	0.0000	0.0000

因果グラフが規定する独立関係と条件付き独立関係は，

$$R1 \perp TOX, \ R1 \perp R2, \ R1 \perp R3 \tag{7.1}$$

$$TOX \perp Vth \mid (R2, R3) \tag{7.2}$$

である．この仮定を検証するために，工程から $n = 29$ のデータを収集した．

図表7.3に相関係数行列 $(n = 29)$ を示す．相関係数行列の $(2, 1)$，$(3, 1)$，$(4, 1)$ 要素は，それぞれ，0.0150, 0.0760, -0.0770 であるから，(7.1)式は成り立つと考えてよい．(7.1)式を含め，有向独立グラフの手順に従い因果仮説を検証する．

7.1.3 有向独立グラフの解析手順

有向独立グラフの手順を以下に示す．

手順1 p 個の変数の先行後続順序を仮定する．このとき，同順位は許さない．

手順2 $\rho_{12} = 0$ を判定する．
　無相関の検定により，有意ならば変数1から変数2へ矢線を引く．有意でない場合には，変数1と変数2の相関はないと判断して矢線を引かない．

手順 3 $\rho_{13\cdot 2}=0$, $\rho_{23\cdot 1}=0$ を判定する．

独立グラフの作成の手順に従い，例えば，変数 1 と変数 3 の偏相関係数が 0 と制約できない場合には，変数 1 から変数 3 に矢線を引く．制約をつけることができない場合には，変数 1 と変数 3 の偏相関はないと判断して矢線を引かない．

手順 4 $\rho_{14\cdot 23}=0$, $\rho_{24\cdot 13}=0$, $\rho_{34\cdot 12}=0$ を判定する．

独立グラフの作成の手順に従い，例えば，変数 1 と変数 4 の偏相関係数が 0 と制約できない場合には，変数 1 から変数 4 に矢線を引く．制約をつけることができない場合には，変数 1 と変数 4 の偏相関はないと判断して矢線を引かない．

$$\vdots$$

手順 ($p-1$) $\rho_{1p\cdot rest}=0$, $\rho_{2p\cdot rest}=0$, $\rho_{p-1\cdot rest}=0$ を判定する．

この過程において，次のことに注意する．例えば，手順 3 において，$\rho_{12\cdot 3}=0$ の判定は行う．この理由は，変数 3 は変数 1 や変数 2 より順序が後の変数であり，後の順序の変数を条件づけて，先行する 2 つの変数間の条件付き独立性を考慮することには意味がないからである．これは回帰分析において，説明変数間については条件付き独立性を考慮していないことに対応する．回帰分析は，説明変数間にすべて偏相関があるとして，目的変数と説明変数との条件付き独立性を調べる手法である．

7.1.4 実際の解析

因果仮説に従って，変数を先行後続の順序を設定する．すなわち，R 1→TOX→R 2→R 3→Vth の順序である．

手順 1 $\rho_{R1\ TOX}=0$ の確認

(2, 1)要素が 0.0150 より明らかである．すなわち，R 1⊥TOX が成り立つと考えることができる．共分散選択は R 1, TOX の 2 変数で行う．このときの

7.1 IC工程の因果分析（GMからSEMへ）

偏相関係数は，変数が2つなので相関係数と一致する．R1，TOXの線を切断すると，**図表7.4**が得られる．

逸脱度，自由度とp値を求めると，$dev(RM1) = 0.007$，$df = 1$，$p = 0.9356$となる．本事例では，RMの後の数字は，手順を表すことにする．

手順2 $\rho_{R1\ R2 \cdot TOX} = 0$，$\rho_{TOX\ R2 \cdot R1} = 0$ の確認

R1，TOX，R2の3変数で共分散選択を行う．このときの偏相関係数行列

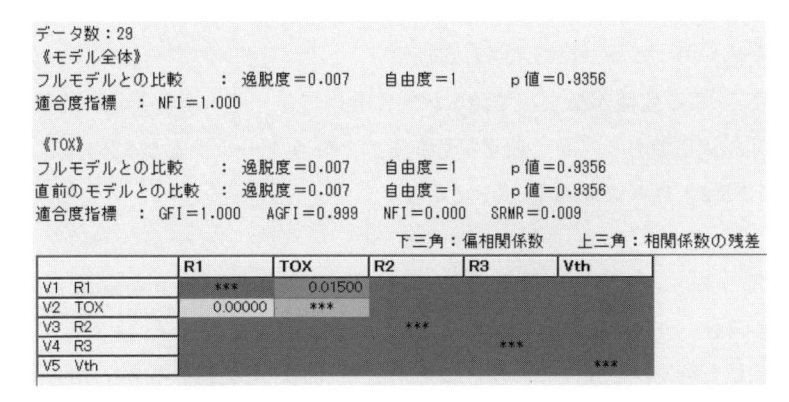

図表7.4 R1とTOXの共分散選択の結果

図表7.5 手順2におけるFM

を図表7.5に示す．このとき，(2, 1)要素は選択できないようになっている．手順1の結果は既に過去であるから，ここで選択できるのは，(3, 1)，(3, 2)要素だけである．(3, 1)要素を0と置いた，母偏相関係数行列の推定値を図表7.6に示す．

図表7.6より，$\rho_{R1\ R2\cdot TOX} = 0$である．これ以上は要素を0と置けないから，$\rho_{TOX\ R2\cdot R1} \neq 0$が成り立つ．このときの逸脱度，自由度と$p$値は，それぞれ，$dev(RM2) = 0.242$，$df = 1$，$p = 0.6226$となる．ここで，モデル全体の逸脱度は，手順1と手順2の逸脱度の和を求めて，$dev(RM2*) = 0.249 (df = 1 + 1 = 2)$となり，$p$値は$p = 0.883$となる．その値が，図表7.6の上段にある「モデル全体」のブロックに表示される．

また，「ある変数が孤立している状態においては，その変数と他の変数とは条件付き独立であり，かつ独立でもある」というルールにより，R1⊥TOXかつR1⊥R2 | TOXだからR1⊥R2が成り立つ．

手順3 $\rho_{R1\ R3\cdot TOX\ R2} = 0$，$\rho_{TOX\ R3\cdot R1\ R2} = 0$，$\rho_{R2\ R3\cdot R1\ TOX} = 0$の確認

R1，TOX，R2，R3にもとづいて有向独立グラフをつくる．4変数での偏相関係数行列を図表7.7に示す．この手順での絶対値が最小の$r_{R2\ R3\cdot R1\ TOX}$を

```
データ数：29
《モデル全体》
フルモデルとの比較    ： 逸脱度=0.249   自由度=2   P値=0.8830
適合度指標  ： NFI=0.996

《R2》
フルモデルとの比較    ： 逸脱度=0.242   自由度=1   P値=0.6226
直前のモデルとの比較  ： 逸脱度=0.242   自由度=1   P値=0.6226
適合度指標  ： GFI=0.994  AGFI=0.967  NFI=0.960  SRMR=0.034

              下三角：偏相関係数    上三角：相関係数の残差
```

		R1	TOX	R2	R3	Vth
V1	R1	***		0.08242		
V2	TOX		***			
V3	R2	0.00000	-0.42796	***		
V4	R3				***	
V5	Vth					***

図表7.6 RM②

7.1 IC工程の因果分析(GMからSEMへ)

自動切断により0と置き,偏相関係数を推定する.次に,絶対値が最小の $r_{R3\ R1 \bullet TOX\ R2}$ を自動切断により0と置き,偏相関係数行列を推定すると図表7.8が得られる.

仮定した R2→R3 が切断された.逸脱度の和(自由度)とその p 値は,それぞれ $dev(RM3*) = 0.506\,(df = 4)$, $p = 0.9729$ と求まる.手順2でR1⊥R2を示した根拠と同じ理由で,R1⊥TOX かつ R1⊥R2 | TOX かつ R1⊥R3 | (TOX, R2)だから,R1⊥R3 が成り立つ.よって,(7.1)式が成り立つことが示せた.

データ数:29
《モデル全体》
フルモデルとの比較 : 逸脱度=0.249 自由度=2 p値=0.8830
適合度指標 : NFI=0.996

《R3》
フルモデルとの比較 : 逸脱度=- 自由度=- p値=-
直前のモデルとの比較 : 逸脱度=- 自由度=- p値=-
適合度指標 : GFI=1.000 AGFI=1.000 NFI=1.000 SRMR=0.000

下三角:偏相関係数 　　上三角:相関係数の残差

		R1	TOX	R2	R3	Vth
V1	R1	***				
V2	TOX		***			
V3	R2			***		
V4	R3	−0.09164	0.40363	−0.01298	***	
V5	Vth					***

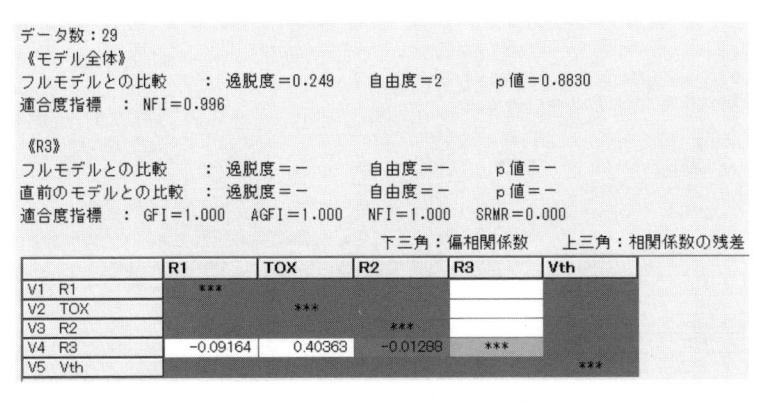

図表7.7 手順3の偏相関係数

データ数:29
《モデル全体》
フルモデルとの比較 : 逸脱度=0.506 自由度=4 p値=0.9729
適合度指標 : NFI=0.991

《R3》
フルモデルとの比較 : 逸脱度=0.258 自由度=2 p値=0.8791
直前のモデルとの比較 : 逸脱度=0.253 自由度=1 p値=0.6151
適合度指標 : GFI=0.995 AGFI=0.975 NFI=0.980 SRMR=0.027

下三角:偏相関係数 　　上三角:相関係数の残差

		R1	TOX	R2	R3	Vth
V1	R1	***			−0.08361	
V2	TOX		***			
V3	R2			***	−0.01725	
V4	R3	−0.00001	0.40539	0.00000	***	
V5	Vth					***

図表7.8 $RM③$

手順 4 $\rho_{TOX\ Vth\bullet rest}=0,\ \rho_{R1\ Vth\bullet rest}=0,\ \rho_{R2\ Vth\bullet rest}=0,\ \rho_{R3\ Vth\bullet rest}=0$ の確認

5 変数による偏相関係数行列を**図表 7.9** に示す．この手順における偏相関係数の絶対値が最小である Vth と TOX の偏相関係数を 0 と置き，偏相関係数行列を推定すると**図表 7.10** のように求まる．逸脱度(自由度)と p 値はそれぞれ，$dev\,(RM4)=0.106\ \ (df=1),\ p=0.7445$ となる．このときの因果グラフを**図表 7.11** に示す．この因果グラフの逸脱度は**図表 7.10** に示すように，4 回にわたる共分散選択の逸脱度の和 $dev\,(RM5*)=0.613\,(df=5)$ であり，p 値は 0.9874

図表 7.9 手順 4 の偏相関係数

図表 7.10 RM ④

7.1 IC 工程の因果分析（GM から SEM へ）

```
    R1 ─────────────────┐
                        │
                        ▼
    TOX ──────► R2 ────► Vth
        \              ▲
         ──► R3 ───────┘
```

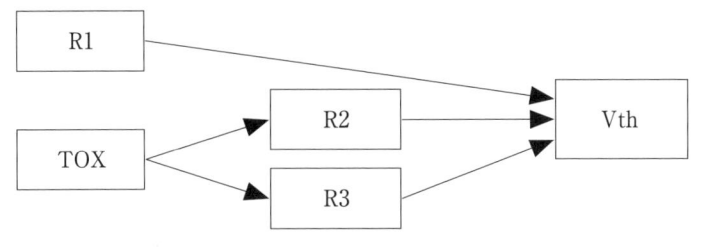

図表 7.11 因果グラフ（図表 3.19 の再掲）

となる．

図表 7.11 の因果グラフを解釈しよう．基板濃度の代用特性である R1 と TOX との間には技術的に関連がないため，(7.1)式が成り立つのは妥当である．TOX に対する熱処理工程の影響をみるために取り上げた要因が R2 と R3 であるから(7.2)式が成り立つこと，すなわち，TOX から直接 Vth に矢印が引かれないことは技術的に重要である．また，始めに想定した R2 と R3 の因果（相関）関係は，TOX の影響によるものであり，TOX を条件付きにすると無関係であることもわかった．つまり，この工程では基板濃度（代用特性：R1）とゲート酸化膜厚 TOX とは無関係に Vth に影響を与えるが，TOX は熱処理後の抵抗を介して，Vth に影響を与えているのである．

7.1.5 段階的 LRM との関係

有向独立グラフの解析手順は，矢線に従って段階的に回帰分析を繰り返すことと本質的に同じである．なぜならば，回帰分析の変数減少法による変数選択は，すべての説明変数間を線で結び，目的変数と説明変数群との間の小さな偏相関係数を順次 0 と置くモデルであるから，共分散選択の特別な場合といえる．また，手順 4 においての LRM の結果を**図表 7.12** に示す．結果は GM と同じであるが，先行後続の関係がわからない．また，TOX と Vth との間接効果を見出せない．

なお，VIF はほぼ 1 であるから，選ばれた 3 変数は殆独立に Vth に影響を与えているように思われる．

図表 7.12 手順 4 の LRM

目的変数　Vth　　寄与率　0.785

説明変数	F 値	標準偏回帰係数	VIF
1. TOX	0.088		
2. R1	9.425	0.286	1.01
3. R2	7.067	0.253	1.05
4. R3	57.752	−0.722	1.05

7.1.6 SEM によるパス係数の推定

GM により因果仮説の検証が済んだので，このモデルにもとづいてパス係数を求める．図表 7.13 が得られたパス図である．

図表 7.13 の下より，カイ 2 乗検定結果，および適合度指標の結果からモデルの当てはまりは非常に良いと思われる．パス係数の推定値を見てみよう．図表 7.14 にその結果を示す．

TOX の効果を考えてみる．図表 7.13 からわかるように，TOX の直接の効果は見られない．しかし，R2 や R3 を経由して Vth に与える間接的な効果があることもわかる．TOX の間接効果を求めるには，各パスの積を計算すればよく，

　　　　TOX→R2→Vth の間接効果 = (−0.428) × 0.252 = −0.108

　　　　TOX→R3→Vth の間接効果 = 0.441 × (−0.722) = −0.318

である．また TOX→Vth の総合効果は，各間接効果の和として求めることができる．すなわち，

　　　　TOX→Vth の総合効果 = −0.108 + (−0.318) = −0.426

である．R1 の直接効果は 0.286 であるから，TOX の総合効果は無視できない大きさをもっていることがわかる．もしも，熱処理後の抵抗(R2, R3)ばらつきを抑えることが可能であれば，直接的に P チャネルの閾値電圧 Vth のばらつきを制御できるであろう．しかし，そうでないならば，ゲート酸化膜 TOX

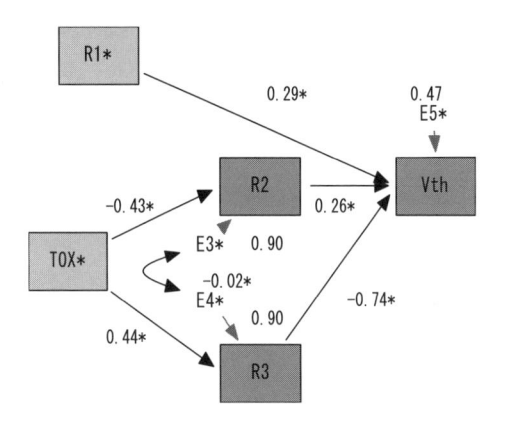

7.1 IC 工程の因果分析(GM から SEM へ)

パス図:
- R1* → Vth: 0.29*
- E5* → Vth: 0.47
- TOX* → R2: -0.43*
- R2 → Vth: 0.26*
- E3* → R2: 0.90
- E3* ↔ E4*: -0.02*
- E4* → R3: 0.90
- TOX* → R3: 0.44*
- R3 → Vth: -0.74*

カイ二乗検定

	検定統計量	自由度	p値
INDEPENDENCE MODEL CHI-SQUARE	55.32700	10	
MODEL CHI-SQUARE	0.57890	4	0.96538
MINIMIZED MODEL FUNCTION VALUE	0.02067		

適合度指標

	略称	推定値
BENTLER-BONETT NORMED FIT INDEX	NFI	0.98954
BENTLER-BONETT NON-NORMED FIT INDEX	NNFI	1.18870
COMPARATIVE FIT INDEX (CFI)	CFI	1.00000
BOLLEN (IFI) FIT INDEX	IFI	1.06670
MCDONALD (MFI) FIT INDEX	MFI	1.06080
LISREL AGFI FIT INDEX	AGFI	0.96949
LISREL GFI FIT INDEX	GFI	0.99187
ROOT MEAN-SQUARE RESIDUAL (RMR)	RMR	0.03752
STANDARDIZED RMR	SRMR	0.03752
ROOT MEAN-SQUARE ERROR OF APPROXIMATION (RMSEA)	RMSEA	0.00000

情報量規準

	統計量
INDEPENDENCE AIC	35.32700
MODEL AIC	-7.42110
INDEPENDENCE CAIC	11.65400
MODEL CAIC	-16.89000

図表 7.13 SEM によるパス図(上)と適合度(下)

まで遡って,TOX のばらつきを抑える管理が必要である.TOX の管理は,固有技術的に制御因子としてゲート酸化温度とゲート酸化時間が大きく影響を与えるから,その設定状況を調べると改善できるかも知れない.また,それとは

パラメータ推定値　非標準解
測定方程式（従属変数が観測変数）

変数名		推定値	変数名		推定値	変数名		推定値	変数名		推定値	変数名	寄与率
V3　R2	=	-0.42800	TOX	+	1.0000	E_R2							0.18318
標準誤差		0.17080											
z値		-2.50588											
V4　R3	=	0.44100	TOX	+	1.0000	E_R3							0.19448
標準誤差		0.16961											
z値		2.60004											
V5　Vth	=	0.25253	R2	−	0.7219	R3	+	0.2859	R1	+	1.00000	E_Vth	0.77515
標準誤差		0.08959			0.0895			0.0876					
z値		2.81877			-8.058			3.2619					

図表7.14　パス係数の推定結果

別に基板濃度(代用特性：R1)の管理を強化することでもPチャネルの閾値電圧 Vth のばらつきを抑えることができるであろう．

7.2　出庫量の予測（SEM：等値制約）

7.2.1　事例概要

あるオフィス機器の摩耗部品の月次の出庫データが手許にある．その推移を表すグラフを図表7.15に示す．この種のデータは，時系列的にとられている．すなわち等時間間隔集計されているデータであり，目的変数を最もよく説明する変数は過去の目的変数自身の値である．このように，LRM の説明変数に目的変数の過去の値が含まれているようなモデルを自己回帰モデル（ARM：Auto Regression Model）とよび，時系列解析の最も単純なモデルの一つである．すなわち，

$$y_t = \beta_0 + \beta_1 y_{t-1} + \beta_2 y_{t-2} + \cdots + \beta_p y_{t-p} + \varepsilon_t \tag{7.3}$$

を次数 p の ARM とよぶ．

ε_t は通常の LRM の誤差と同じ定義をする．すなわち，平均 0，分散 σ^2 の正規分布に従い，互いに独立と仮定する．また，回帰係数 $\beta_j (j = 0, 1, 2, \cdots, p)$ は，自己回帰係数ともよばれる．過去の自分が現在に影響を与えていることを考えれば，ARM も因果分析の一種であるといえる．図表7.16は，図表7.15

7.2 出庫量の予測（SEM：等値制約）

の自己相関係数行列を示したものである．この例では，$p=6$ である．**図表7.16** から読み取れることは，経過月はどのラグ y_t に対してもほぼ同じ相関係数をもっている．ラグが増えるほど相関係数は小さくなっていくことがわかり，相関係数の値からは違和感は起こらないであろう．

変数選択を使って，形式的に ARM を求めたところ**図表7.17**を得た．結果として，経過月の自己回帰係数が負の値となっていること，ラグ1・ラグ2を使って当月を予測できること，その自己回帰係数の値は正であることは理解できる．ラグ5がモデルに取り込まれていること，またその自己回帰係数が負であることは一見不自然に思われる．この負の値は調整効果なのかも知れない．モデルの意味を理解するには，SEM を使って間接効果を算出するとよい．

7.2.2 SEM の等値制約とモデル選択

最初に *FM* のパス図と推定値を**図表7.18**に示す．構造が本質的同等と思わ

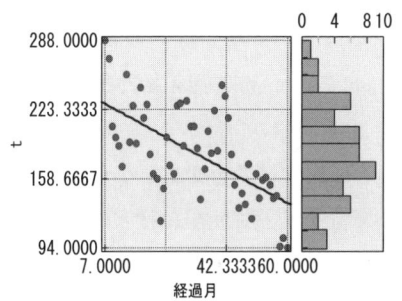

項目	横軸	縦軸
変数番号	8	1
変数名	経過月	t
データ数	54	54
最小値	7.000	94.000
最大値	60.000	288.000
平均値	33.5000	182.1852
標準偏差	15.73213	43.79372
相関係数	-0.625	
回帰定数	240.515	
回帰係数1次	-1.741	
t値	-5.781	
P値（両側）	0.000	

回帰式： Y = 240.514897-1.741185X

図表7.15 あるオフィス機器の摩耗部品の月次出庫データ

サンプル数： 54　　+：|0.6|以上　++：|0.8|以上

No	変数名	y	y-1	y-2	y-3	y-4	y-5	y-6	経過月
1	y	1.000	0.689+	0.636+	0.474	0.358	0.258	0.241	-0.625+
2	y-1	0.689+	1.000	0.687+	0.635+	0.465	0.362	0.244	-0.624+
3	y-2	0.636+	0.687+	1.000	0.688+	0.627+	0.470	0.349	-0.624+
4	y-3	0.474	0.635+	0.688+	1.000	0.676+	0.632+	0.454	-0.625+
5	y-4	0.358	0.465	0.627+	0.676+	1.000	0.672+	0.627+	-0.618+
6	y-5	0.258	0.362	0.470	0.632+	0.672+	1.000	0.665+	-0.621+
7	y-6	0.241	0.244	0.349	0.454	0.627+	0.665+	1.000	-0.611+
8	経過月	-0.625+	-0.624+	-0.624+	-0.625+	-0.618+	-0.621+	-0.611+	1.000

図表7.16 自己相関係数行列

目的変数名	残差平方和	重相関係数	寄与率R^2	R*^2
y	41533.196	0.769	0.591	**0.558**
R**^2	残差自由度	残差標準偏差		
0.526	49	29.114		

vNo	説明変数名	残差平方和	変化量	分散比	偏回帰係数
0	定数項	50857.014	9323.818	11.0000	148.254
2	y−1	47296.091	5762.895	6.7989	0.354
3	y−2	44696.860	3163.664	3.7324	0.265
4	**y−3**	41368.317	−164.879	0.1913	−
5	y−4	40857.852	−675.344	0.7934	−
6	y−5	44789.485	3256.289	3.8417	−0.232
7	y−6	41463.112	−70.084	0.0811	−
8	経過月	47785.270	6252.074	7.3761	−1.076

図表7.17 変数選択度のARM

れるパス係数については，パラメータの等値制約を導入することができる．本例は時系列データの解析を行っているのであるから，等値制約をつけることが素直であろう．解析の戦略から，変数選択後に等値制約をつけることにする．

不必要なパスを切断するために，図表7.19のワルド検定の結果から，$(y, y-6)$のパスを切断する．$y, y-1, \cdots, y-6$は，図表7.19にあるV1からV7の順に対応している．

次に，$(y-1, y-5)$のパスを切断する．順次パスを切断しながら，図表7.20のSEM②を得た．等値制約を行うまでもなく，推定値は揃っている．ただし，$(y-5, y-6)$の推定値が他のラグ1の関係と異なる値となっている．ここだけは，他のラグ1の構造と異なる（合流がない）ため等値制約をつけない．

以上から，以下のような等値制約を与えた．
 ① $(y, y-1)$と$(y-1, y-2)$, $(y-2, y-3)$, $(y-3, y-4)$, $(y-4, y-5)$
 ② $(y, y-2)$と$(y-1, y-3)$, $(y-2, y-4)$, $(y-3, y-5)$, $(y-4, y-6)$
 ③ $(y, y-5)$と$(y-1, y-6)$
 ④ $(y, 経過月)$と$(y-1, 経過月)$, $(y-2, 経過月)$と$(y-3, 経過月)$,
   $(y-4, 経過月)$

こうして，図表7.21のSEM③を得た．図表7.22は，SEM③の適合度であ

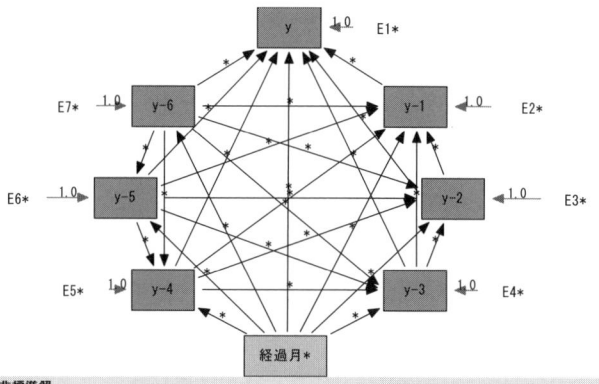

7.2 出庫量の予測(SEM：等値制約)

図表 7.18 FM のパス図(上)と推定値(下)

パラメータ推定値　非標準解
測定方程式（従属変数が観測変数）

変数名		推定値	変数名		推定値	変数名		推定	変数名		推定値	変数名		推定値	変数名		推定	変数名		推定値	変数名		推定値	変数名	寄与率
V1	y =	0.360	y-1	+	0.317	y-2	−	0.038	y-3	−	0.11B	y-4	−	0.167	y-5	+	0.002	y-6	+	1.132	経過月	+	1.000	E y	0.5985
V2	y-1 =	0.356	y-2	+	0.308	y-3	−	0.032	y-4	−	0.117	y-5	+	0.170	y-6	+	1.122	経過月	+	1.000	E y-1				0.5955
V4	y-3 =	0.409	y-4	+	0.290	y-5	−	0.180	y-6	−	0.844	経過月	+	1.000	E y-3										0.5661
V5	y-4 =	0.358	y-5	+	0.234	y-6	−	0.692	経過月	+	1.000	E y-4													0.5439
V6	y-5 =	0.458	y-6	+	0.953	経過月	+	1.000	E y-5																0.5156
V7	y-6 =	−1.69	経過月	+	1.000	E y-6																			0.3739

```
              累積多変量統計量                    変化量
         ------------------------------      -----------------
STEP   パラメータ  カイ二乗値  自由度  p値     カイ二乗値    p値
----   ---------  ---------  ----  -------    ---------  -------
  1     V1,V7        .017       1    .897        .017      .897
  2     V3,V6        .300       2    .861        .283      .595
  3     V2,V6       1.601       3    .659       1.301      .254
  4     V4,V7       3.738       4    .443       2.137      .144
  5     V3,V7       6.157       5    .291       2.420      .120
  6     V2,V7       8.752       6    .188       2.595      .107
  7     V1,V6      11.086       7    .135       2.334      .127
```

図表 7.19 ワルド検定の結果

パラメータ推定値　非標準解
測定方程式（従属変数が観測変数）

変数名		推定値	変数名		推定値	変数名		推定値	変数名		推定値	変数名		推定値	変数名	寄与率
V1	y =	0.3540	y-1	+	0.2646	y-2					0.2324	y-5	−	1.0755	経過月	+	1.0000	E y	0.57799
V2	y-1 =	0.3499	y-2	+	0.2564	y-3					0.2320	y-5	−	1.0685	経過月	+	1.0000	E y-1	0.57453
V3	y-2 =	0.3882	y-3	+	0.2065	y-4					0.6957	経過月	+	1.0000	E y-2				0.55566
V4	y-3 =	0.3660	y-4	+	0.2268	y-5					0.7218	経過月	+	1.0000	E y-3				0.55113
V5	y-4 =	0.3588	y-5	+	0.2343	y-6					0.6925	経過月	+	1.0000	E y-4				0.54392
V6	y-5 =	0.4582	y-6	−	0.9531	経過月	+	1.0000	E y-5									0.51567
V7	y-6 =	−1.690	経過月	+	1.0000	E y-6												0.37391

図表 7.20 SEM ②のパス係数

る．モデルはデータによく適合しているように思われる．

次に，モデルを解釈してみよう．総合効果を分解して間接効果，直接効果を求めてみよう．ラグ1の総合効果は0.367だけある．これはy−1→yの直接効果である．ラグ2の総合効果は，0.368である．これは，ラグ1の効果とほぼ同じである．ラグ2の総合効果は，y−2→yの直接効果の0.233と1月前を経由したy−2→y−1→yという間接効果$0.367 \times 0.367 = 0.135$の合計である．ラグ3の総合効果0.221は，すべて間接効果の和で構成される．具体的な値は，ラグ1を経由したy−3→y−1→yの$0.367 \times 0.233 = 0.086$とラグ2を経由したy−3→y−2→yの$0.233 \times 0.367 = 0.086$，およびラグ1とラグ2を経由したy−3→y−2→y−1→yの$0.367 \times 0.367 \times 0.367 = 0.049$である．以下同様にラグ4の総合効果も0.167と求まる．ラグ5の総合効果は，負の値をもっていて−0.055だけありほとんど効果がないことがわかる．直接効果は，−0.168あるが間接効果の和がそれとほぼ同等の値をもっているので，相殺されることがわかる．総合効果は，図表7.16の自己相関係数と同様にラグが増えるに従って，小さ

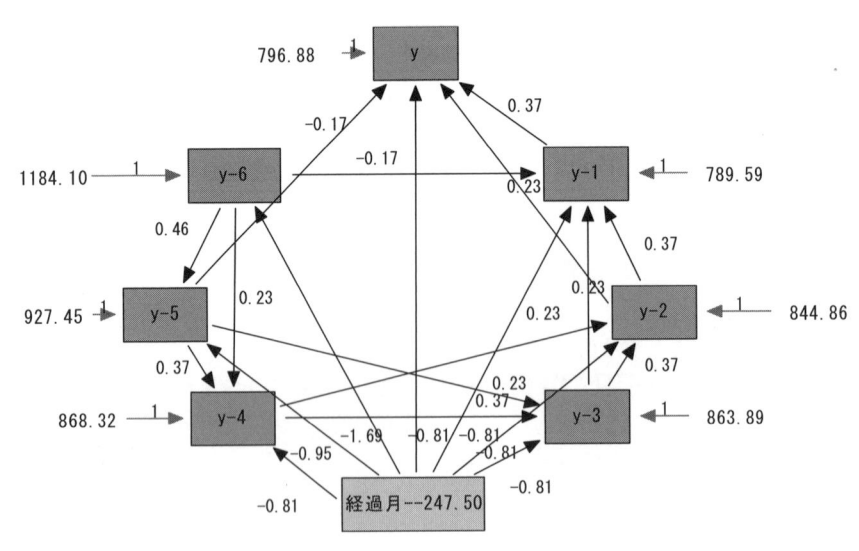

図表7.21 SEM③のパス図

カイ二乗検定

	検定統計量	自由度	p値
INDEPENDENCE MODEL CHI-SQUARE	291.77000	28	
MODEL CHI-SQUARE	9.31500	21	0.98651
MINIMIZED MODEL FUNCTION VALUE	0.17576		

適合度指標

	略称	推定値
BENTLER-BONETT NORMED FIT INDEX	NFI	0.96807
BENTLER-BONETT NON-NORMED FIT INDEX	NNFI	1.05910
COMPARATIVE FIT INDEX (CFI)	CFI	1.00000
BOLLEN (IFI) FIT INDEX	IFI	1.04320
MCDONALD (MFI) FIT INDEX	MFI	1.11430
LISREL AGFI FIT INDEX	AGFI	0.92716
LISREL GFI FIT INDEX	GFI	0.95751
ROOT MEAN-SQUARE RESIDUAL (RMR)	RMR	133.77000
STANDARDIZED RMR	SRMR	0.07283
ROOT MEAN-SQUARE ERROR OF APPROXIMATION (RMSEA)	RMSEA	0.00000

情報量規準

	統計量
INDEPENDENCE AIC	235.77000
MODEL AIC	-32.68500
INDEPENDENCE CAIC	152.08000
MODEL CAIC	-95.45400

パラメータ推定値 　非標準解
測定方程式（従属変数が観測変数）

変数名		推定値	変数名		推定値	変数名		推定値	変数名		推定値	変数名		推定値	変数名	寄与率
V1	y	0.3669	y-1	+	0.2334	y-2	−	0.1675	y-5	−	0.8138	経過月	+	1.0000	E y	0.53636
V2	y-1	0.3669	y-2	+	0.2334	y-3	−	0.1675	y-6	−	0.8138	経過月	+	1.0000	E y-1	0.55939
V3	y-2	0.3669	y-3	+	0.2334	y-4	−	0.8138	経過月	+	1.0000	E y-2				0.59681
V4	y-3	0.3669	y-4	+	0.2334	y-5	−	0.8138	経過月	+	1.0000	E y-3				0.58267
V5	y-4	0.3669	y-5	+	0.2334	y-6	−	0.8138	経過月	+	1.0000	E y-4				0.57103
V6	y-5	0.4582	y-6	−	0.9531	経過月	+	1.0000	E y-5							0.51567
V7	y-6	-1.690	経過月	+	1.0000	E y-6										0.37391

図表 7.22 　SEM ③の適合度と推定値

くなっていることがわかる．

　この種の効果の分解による解釈が，因果分析の最大の活用点と考えられる．ここでは単純な時系列データの事例を示したが，多変量時系列の問題に応用できる．

7.3 部品調達（SEM：平均構造）

7.3.1 事例概要

ある企業では，部品Aと部品Bを組み合わせて商品を製造している．コストダウンの一環で，メカ部品Aを別の会社から仕入れることになった．しばらくして市場で不良品が見つかり，調べてみると仕入れたメカ部品Aに問題があることがわった．そこで，自社品と仕入品について，その差異を調べるためにデータを収集した．分析に用いる変数は以下のとおりである．

【説明変数】層別因子（自社品・仕入品）
【目的変数】高　　さ：部品Aに付いている4つの爪の寸法の平均
　　　　　　整列度：部品Aに付いている4つの爪の寸法ばらつき
　　　　　　平面度：部品Aに付いている4つの爪の曲げ角度のばらつき

本事例の原典は判別分析（Discrminant Analysis）の事例として廣野・林（2004）『JMPによる多変量データ活用術』（海文堂出版）で紹介されている．文献中では，良・不良を判別するために判別関数モデル（DFM：Discrminant Fanction Modeling）を用いることは誤用であり，DFMとは，説明変数が判別すべき層別因子であり，目的変数群が両者の違いを表す結果変数であることを強調している．品質工学では，良・不良の特性評価の問題においてMT法と誤用されたDFMを比較して，DFMは役立たないと論じている．これは，いかに

基本統計量（自社品）

変数名		サンプル数	平均値	標準偏差	歪度	尖度
V1	高さ	30	35.40000	3.04676	-0.19464	-1.08168
V2	平面度	30	72.50000	11.41007	1.08130	3.18689
V3	整列度	30	13.46667	5.35456	0.02990	-1.18014

基本統計量（仕入品）

変数名		サンプル数	平均値	標準偏差	歪度	尖度
V1	高さ	30	40.43333	3.34956	0.19186	-0.82956
V2	平面度	30	86.53333	16.54405	1.48757	2.88583
V3	整列度	30	19.53333	5.67349	-0.33188	-0.65838

図表 7.23 基本統計量

7.3 部品調達(SEM：平均構造)

DFM の誤用が多いかを物語っている．ここでは，DFM と平均構造を入れた SEM による解析の比較を行ってみよう．

7.3.2 事前分析

図表 7.23 の基本統計量と図表 7.24 の多変量連関図とから，高さ・整列度・平面度の平均値が 2 群で異なっているように思われる．変数の意味的側面から，高さと整列度の層別散布図を作成すると図表 7.25 が得られた．高さと整列度の 2 次元で考えれば，自社品と仕入品を層別できそうである．

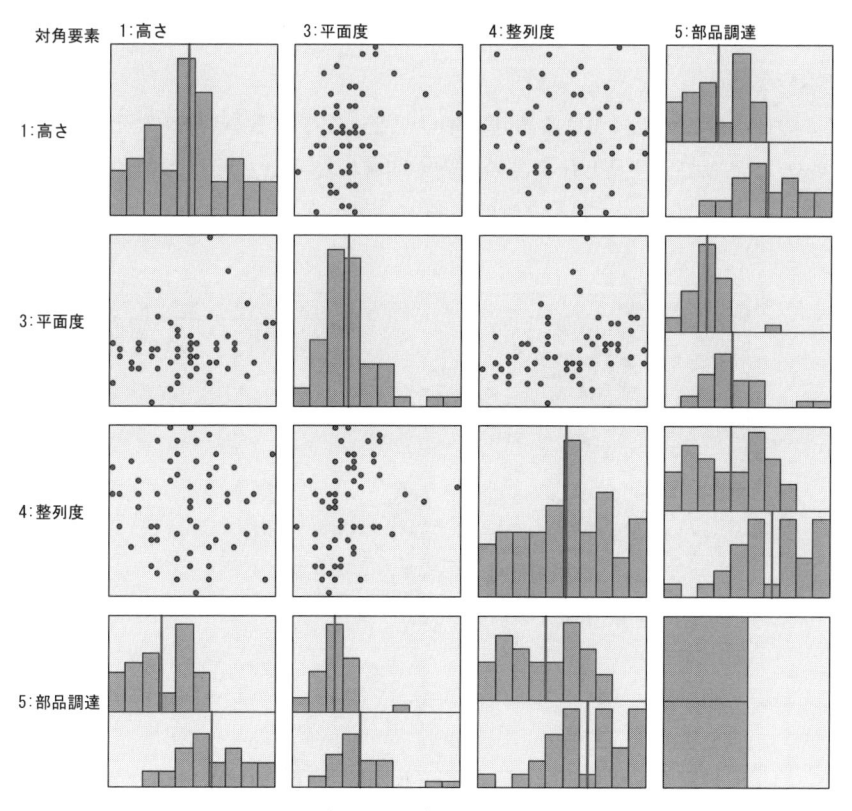

図表 7.24 多変量連関図

7.3.3 DFMによる考察

図表7.26は，判別分析の変数選択の初期画面である．F値より，層別因子が効果を発揮する特性の一番手は高さであることがわかる．そこで，高さをモデルに取り込む．F比に着目して変数選択を手動で行うと，最終的に図表7.27の結果をえる．これより，2群を判別するには，特性として高さ・平面度・整列度による線形結合によって判別ルールが設定できることがわかった．

図表7.27の結果から，判別関数Zは

$$Z = 48.472 - 0.935 x_{高さ} - 0.066 x_{平面度} - 0.471 x_{整列度} \tag{7.4}$$

と求められる．

このときのモデルにおける誤判別率は7.259%であるから，3次元での判別ルールによって自社品と仕入品の差異が明確になったと思われる．図表7.28の左は，判別関数Zによる実質的な判別結果であり，誤判別された個体は4

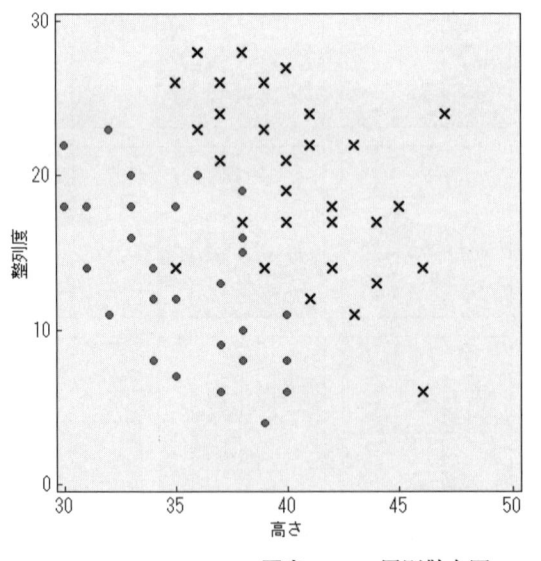

図表7.25 層別散布図

7.3 部品調達(SEM：平均構造)

		(D)^2	(D')^2	(D'')^2		
	マハラノビス距離	-	-	-		
	誤判別率(%)	-	-	-		
		D^2	D^2の差	誤判別率	F比	判別係数
vNo.	定数					
1	高さ	2.471	2.471	21.593	37.071	
3	平面度	0.975	0.975	31.074	14.628	
4	整列度	1.209	1.209	29.120	18.142	

図表 7.26 DFM の変数選択の初期画面

IN		(D)^2	(D')^2	(D'')^2		
3	マハラノビス距離	8.489	7.860	7.311		
	誤判別率(%)	.259	8.049	8.820		
		D^2	D^2の差	誤判別率	F比	判別係数
vNo.	定数					48.472
IN 1	高さ	2.013	-6.475	23.902	61.668	-0.935
IN 3	平面度	7.614	-0.874	8.384	4.265	-0.066
IN 4	整列度	3.639	-4.850	17.010	36.187	-0.471

図表 7.27 変数選択の結果

正答	56	93.33%	
誤答	4	6.67%	
観測/予測	自社品	仕入品	合計
自社品	28	2	30
仕入品	2	28	30
合計	30	30	60

N(	観測	予測	[スコア]	1:[D^2]	1:[確率%]	2:[D^2]	2:[確率%]
5	1	2	-1.617	4.166	24.410	0.932	81.758
28	1	2	-0.124	8.232	4.145	7.984	4.635
45	2	1	0.183	2.243	52.343	2.610	45.575
56	2	2	-7.252	29.950	0.000	15.447	0.147
57	2	1	2.683	3.227	35.797	8.593	3.522

図表 7.28 判別分析の結果(左が正誤表，右が誤判別された個体)

つで誤判別率は 6.67% である．**図表 7.28** の右は誤判別された個体と 2 群共に出現確率が低い個体を表示したものである．(7.3)式の判別関数のスコアについて，層別因子の水準でヒストグラムを描くと，**図表 7.29** の層別ヒストグラムになる．

7.3.4 等値制約と平均構造のある SEM

判別分析の誤用が起きるのは，層別因子である要因の水準に 0 や 1 を与えて，

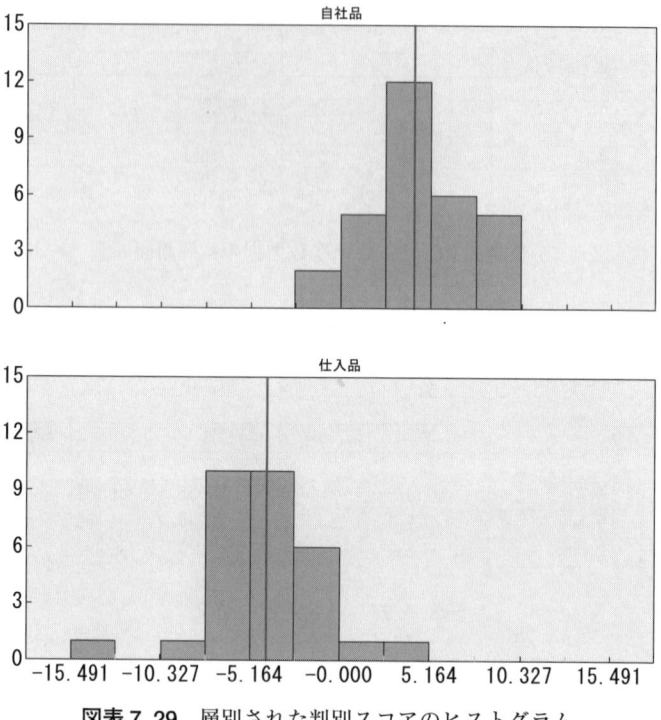

図表 7.29 層別された判別スコアのヒストグラム

それをあたかも特性として，回帰分析の変数選択のフレームで処理していた時代があったからかも知れない．実際，DFM はそのようにして求めた線形結合と同じ結果になることが事情を難しくしている．SEM のフレームワークのなかで等値制約の作法を用いることで，その誤解を防ぐことができるかも知れない．基本的な考え方は，2 群，あるいはそれ以上の多群において，分散共分散は各群共通の値(等値制約)であり，平均構造のみが異なるモデルを SEM では表現できる．図表 7.30 は，3 つの変数と平均構造を使って，作成したパス図である．3 つの分散と高さと整列度の共分散を等値制約とし，平面度は 1 に固定している．

図表 7.30 を測定方程式で表すと，

7.3 部品調達(SEM：平均構造)

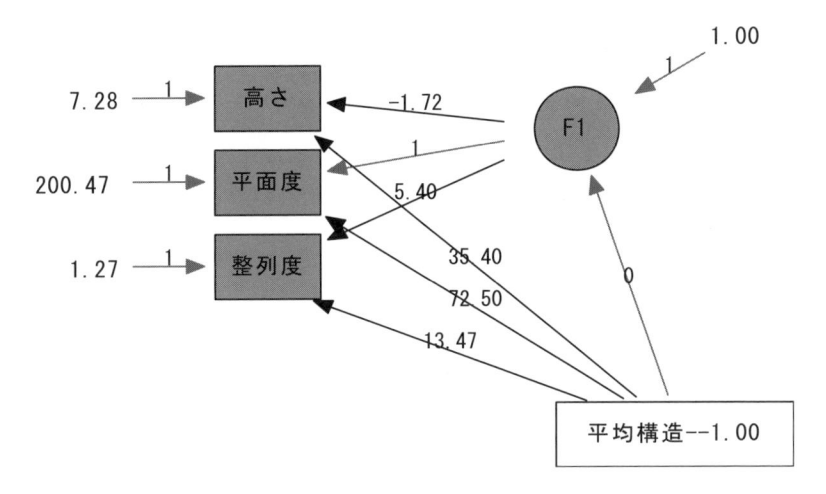

自社品のモデル

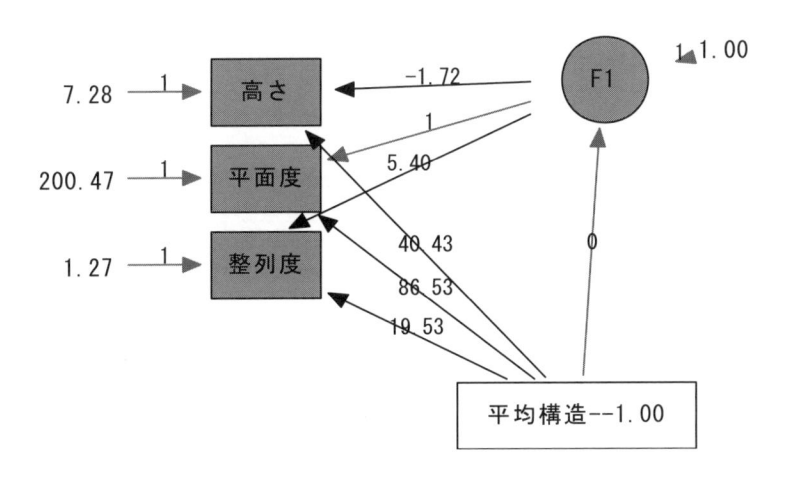

(パス図：観測変数「高さ」(誤差分散 7.28)、「平面度」(200.47)、「整列度」(1.27)、潜在変数 F1(分散 1.00)、平均構造--1.00。係数：-1.72、1、5.40、35.40、72.50、13.47、0)

仕入品のモデル

(パス図：観測変数「高さ」(誤差分散 7.28)、「平面度」(200.47)、「整列度」(1.27)、潜在変数 F1(分散 1.00)、平均構造--1.00。係数：-1.72、1、5.40、40.43、86.53、19.53、0)

図表 7.30 平均構造と等値制約をつけたパス図

$$\begin{cases} 高さ = \begin{pmatrix} 35.40 & 自社品 \\ 40.43 & 仕入品 \end{pmatrix} - 1.72\,F1 + e_{高さ} & (0.289) \\ 平面度 = \begin{pmatrix} 72.50 & 自社品 \\ 86.54 & 仕入品 \end{pmatrix} + 1.00\,F1 + e_{平面度} & (0.005) \\ 整列度 = \begin{pmatrix} 13.47 & 自社品 \\ 19.53 & 仕入品 \end{pmatrix} + 5.40\,F1 + e_{整列度} & (0.958) \end{cases} \quad (7.5)$$

となる．括弧の中の数字はそれぞれの寄与率である．寄与率から見ると，0.958の整列度が判別に寄与が高く，ついで高さの寄与 0.289 があり，平面度の寄与はわずか 0.005 であることがわかる．また，平均構造からは，いずれも仕入品のほうが大きな値を示している．自社品に比べて仕入品では爪の高さが長く，ばらついているために平面度も整列度も大きくなっている．この結果から，仕

カイ二乗検定	検定統計量	自由度	p値
INDEPENDENCE MODEL CHI-SQUARE	25.69300	9	
MODEL CHI-SQUARE	6.43500	7	0.48997
MINIMIZED MODEL FUNCTION VALUE	0.11095		

適合度指標	略称	推定値
BENTLER-BONETT NORMED FIT INDEX	NFI	0.74954
BENTLER-BONETT NON-NORMED FIT INDEX	NNFI	1.04350
COMPARATIVE FIT INDEX (CFI)	CFI	1.00000
BOLLEN (IFI) FIT INDEX	IFI	1.03020
MCDONALD (MFI) FIT INDEX	MFI	1.00470
LISREL AGFI FIT INDEX	AGFI	0.87508
LISREL GFI FIT INDEX	GFI	0.92713
ROOT MEAN-SQUARE RESIDUAL (RMR)	RMR	29.57800
STANDARDIZED RMR	SRMR	0.19194
ROOT MEAN-SQUARE ERROR OF APPROXIMATION (RMSEA)	RMSEA	0.00000
CONFIDENCE INTERVAL FOR RMSEA (LOWER BOUND)		0.00000
CONFIDENCE INTERVAL FOR RMSEA (UPPER BOUND)		0.21337

情報量規準	統計量
INDEPENDENCE AIC	7.69310
MODEL AIC	-7.56500
INDEPENDENCE CAIC	-20.15600
MODEL CAIC	-29.22500

図表 7.31 等値制約と平均構造をつけたパス図

入先への品質監査を行い，治具の管理などの品質管理の徹底を依頼し，自社の受入検査も強化することにした．**図表 7.31** にこのモデルの適合度を示す．適合度はやや物足りないが，これは(7.4)式の寄与率からもわかるように，もともと(高さ，平面度，整列度)を一つの因子で表すことに無理があったからであろう．

7.4 従業員満足度の解析(GM＋SEM)

7.4.1 事例概要

因果分析は，事前に想定した因果モデルを観測されたデータで検証する方法であるが，実際的に確証的にモデリングすることは困難を極める．むしろ漠然とした仮説から探索的に因果関係を構築していく様が，データ分析家の研究態度であり，これに最もふさわしい手法が GM である．因果グラフは，条件付き独立性に着目して，因果の順に段階的に独立グラフを繰り返してモデリングする方法である．

本事例は，ある企業が行った従業員満足度のデータから，職場における部下から見た上司のかかわりについてのアンケート結果(廣野・林(2004)『JMP による多変量データ活用術』(海文堂出版))である．項目は 10 項目あり，それぞれ 5 段階評点のデータである．評点は小さいほうがポジティブである．以下に 10 の変数の意味を示す．

- 指示：業務への適切な指示与え方
- 進捗：業務の進捗管理
- 活用：業務結果や資料の有効活用
- 会話：部下との会話
- 内容：業務内容の把握
- 気遣：部下への気遣い
- 評価：部下の仕事の適切な評価
- 叱咤：部下の仕事ぶりへの励まし

- 受入：部下の仕事結果の受入
- 非難：部下の仕事ぶりのまずさへの叱責

これらの 10 変数の基本統計量を**図表 7.32** に示す．どの変数も標準偏差が 1 前後あり，適度にばらついていることがわかる．この 10 変数はいずれも結果系の変数であるが，順序がつきそうである．しかし，そのつけ方はいかようにも考えられる曖昧なものである．このようなとき，はじめに独立グラフを作成する．独立グラフと矛盾しない因果仮説を考えるために，得られた独立グラフをモラルグラフとして考える．

因果グラフにおけるすべての因果合流点について，合流する矢線の元となる 2 つの変数を線で結び，すべての矢線を線に置き換えたものがモラルグラフであった．このようにして作成されたモラルグラフは，想定している因果グラフが真の因果関係を表している場合に，どのような独立グラフになるかを示したものである．実際のデータ解析では標本誤差などから完全には一致しないこともあるが，このルールに従うことで正しい仮説づくりへの手がかりが得られる．

いま，10 変数についての独立グラフを**図表 7.33** の上に示す．これをモラルグラフと考えたときに，見合う因果グラフとは，どのようなものであるかを，思い浮かべつつ候補を探索する．この場合，モラルグラフの頂点の位置を動かしたりブレーンストーミングしたりして，できる限りモラルグラフの形を崩さないように因果の向きを想定したのが**図表 7.33** の下のグラフである．破線部分は，独立グラフでは切断された線であり，差異が生じている部分である．

基本統計量

	変数名	サンプル数	平均値	標準偏差	歪度	尖度
V1	指示	100	2.29000	1.03763	0.38009	-0.99332
V2	叱咤	100	3.05000	0.93609	-0.61913	-0.61210
V3	活用	100	2.65000	1.06719	0.08081	-1.34673
V4	非難	100	3.22000	0.95959	-0.79541	-0.71104
V5	内容	100	2.05000	1.07661	0.63272	-0.89085
V6	進捗	100	2.14000	1.03495	0.59699	-0.76792
V7	気遣	100	2.17000	1.01559	0.64384	-0.64027
V8	会話	100	2.36000	1.11482	0.26708	-1.26833
V9	評価	100	2.19000	0.90671	0.84331	0.02189
V10	受入	100	1.88000	0.90207	0.98434	0.34646

図表 7.32 基本統計量

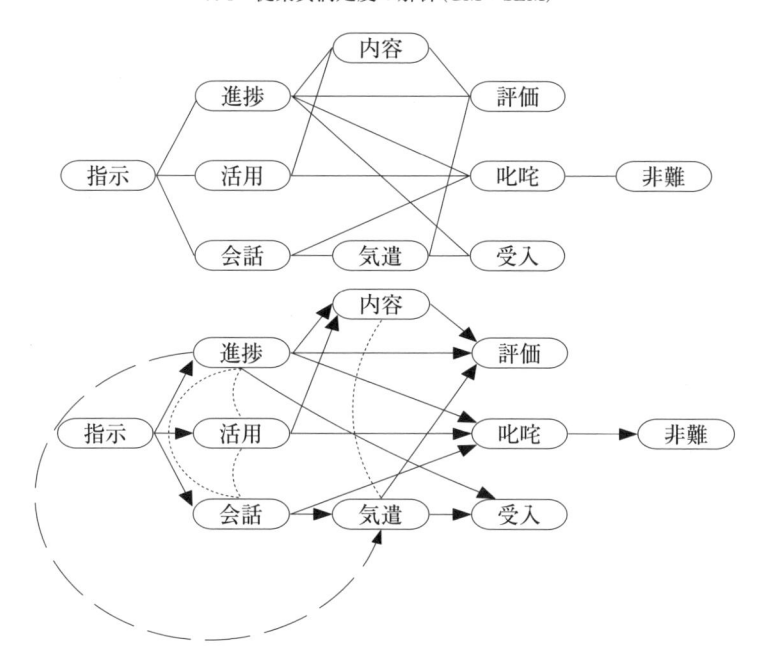

7.4 従業員満足度の解析（GM＋SEM）

図表7.33 従業員満足度のモラルグラフ（上）と因果グラフ案（下）

7.4.2　因果仮説の検証

変数間の階層がある程度想定できたので，連鎖独立グラフの手順で解析する．階層は，以下に示す5階層である．

$b(1) = \{指示\}$

$b(2) = \{進捗, 活用, 会話\}$

$b(3) = \{内容, 気遣\}$

$b(4) = \{評価, 叱咤, 受入\}$

$b(5) = \{非難\}$

5階層について，手順を踏んで得られたモデルが，**図表7.34**の因果グラフを$GM①$とする．逸脱度指標のp値は0.74であり，NFIは0.95であるから全体のモデルとしての当てはまりが良いことがわかる．これで，因果仮説の検

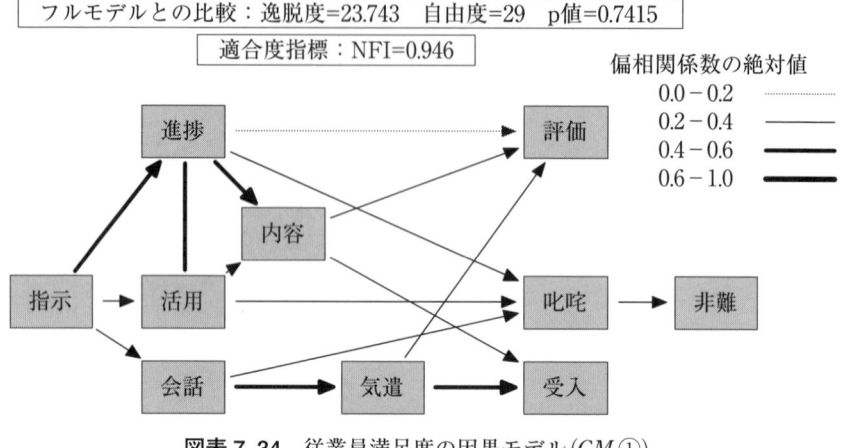

フルモデルとの比較：逸脱度=23.743　自由度=29　p値=0.7415
適合度指標：NFI=0.946

偏相関係数の絶対値
0.0 – 0.2
0.2 – 0.4
0.4 – 0.6
0.6 – 1.0

図表 7.34　従業員満足度の因果モデル(*GM* ①)

証が終わる．

　GM ①が同定できたので，SEM を使ってパス係数を求めよう．**図表 7.35**にパス図とパス係数を示した．このモデルを *SEM* ①とする．また，破線で示した楕円は矢線の向きや変数の意味から4つの領域に分類したものである．**図表 7.36** に適合度評価を示す．カイ2乗検定の結果および適合度指標である GFI や AGFI の値からも良好なモデルが得られたと思われる．

　図表 7.37 は，構造を単純化するために**図表 7.35** のパス図をベースに因子を追加してモデリングしたものである．このモデルを *SEM* ②とする．パス図中の因子の意味を次のように考えた．F1を管理機能，F2を維持機能，F3を成果機能，そしてF4を抑圧機能と考えた．部下から見た上司の管理機能の働きは，業務の(指示・進捗・活用)度合いに現れると見なした．上司の組織維持機能の働きは，部下への(会話・気遣・受入)度合いに現れると見なした．さらに，上司の業務に対する成果機能の働きは，(内容・評価)に現れると見なした．最後に，上司の部下への抑圧機能は(叱咤・非難)度合いに現れると見なした．4因子間の関係については，**図表 7.35** の *SEM* ①を使って，F1→(F2, F3)→F4と設定した．数回の試行錯誤の結果，F2とF3の双方向のパスを切断し，

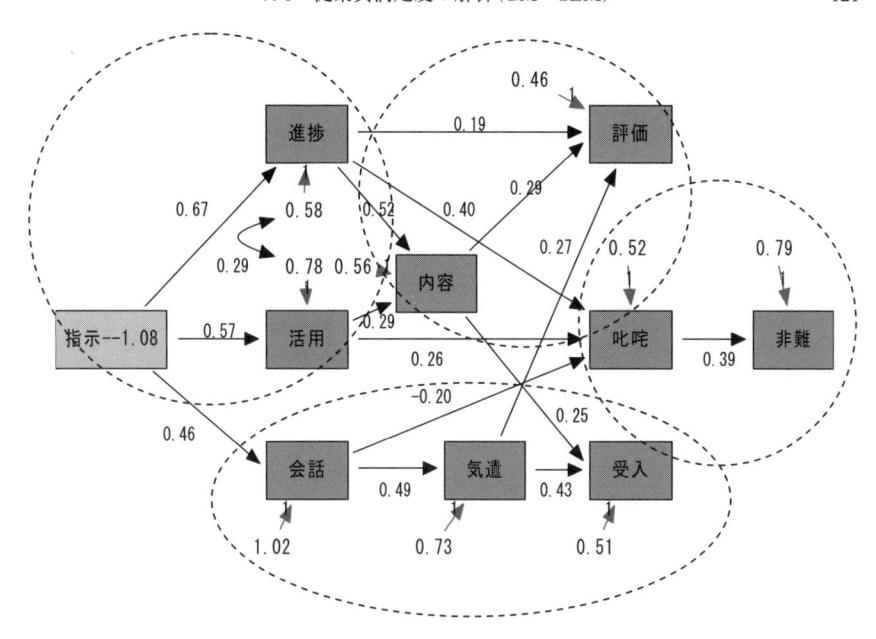

7.4 従業員満足度の解析(GM+SEM)

図表 7.35 従業員満足度のパス図(SEM ①)

モデルの適合度と意味的兼ね合いから，気遣→評価の直接効果を SEM ②のモデルに残すことにした．

図表 7.38 は SEM ②の適合度をまとめたものである．カイ 2 乗検定結果や GFI などの適合度指標も良好である．適合度を上げるためにパスを追加することもできるが，これ以上モデルを複雑にする必要もないので，SEM ②を従業員満足度モデルに採用することにした．

次に，因子 F1(管理機能)から F4(抑圧機能)への効果を分解して，その解釈を考えてみたい．図表 7.39 にパラメータの推定値を示す．管理機能から抑圧機能への直接効果は，1.423(標準解：1.549)である．また，F2 の維持機能を経由した間接効果は，F1→F2→F4 であるから，$(-0.238) \times 0.467 = -0.510$ (標準解：-0.470)と求められる．また，F3 の成果機能を経由した間接効果は，F1→F3→F4 であるから，$(-0.530) \times 0.486 = -1.091$(標準解：$-0.662$)

第7章　事例研究

カイ二乗検定

	検定統計量	自由度	p値
INDEPENDENCE MODEL CHI-SQUARE	437.89000	45	
MODEL CHI-SQUARE	23.50500	29	0.75292
MINIMIZED MODEL FUNCTION VALUE	0.23743		

適合度指標

	略称	推定値
BENTLER-BONETT NORMED FIT INDEX	NFI	0.94632
BENTLER-BONETT NON-NORMED FIT INDEX	NNFI	1.02170
COMPARATIVE FIT INDEX (CFI)	CFI	1.00000
BOLLEN (IFI) FIT INDEX	IFI	1.01340
MCDONALD (MFI) FIT INDEX	MFI	1.02790
LISREL AGFI FIT INDEX	AGFI	0.91658
LISREL GFI FIT INDEX	GFI	0.95602
ROOT MEAN-SQUARE RESIDUAL (RMR)	RMR	0.05595
STANDARDIZED RMR	SRMR	0.05591
ROOT MEAN-SQUARE ERROR OF APPROXIMATION (RMSEA)	RMSEA	0.00000
CONFIDENCE INTERVAL FOR RMSEA (LOWER BOUND)		0.00000
CONFIDENCE INTERVAL FOR RMSEA (UPPER BOUND)		0.05564

情報量規準

	統計量
INDEPENDENCE AIC	347.89000
MODEL AIC	-34.49500
INDEPENDENCE CAIC	185.65000
MODEL CAIC	-139.04000

図表 7.36　SEM ①の適合度

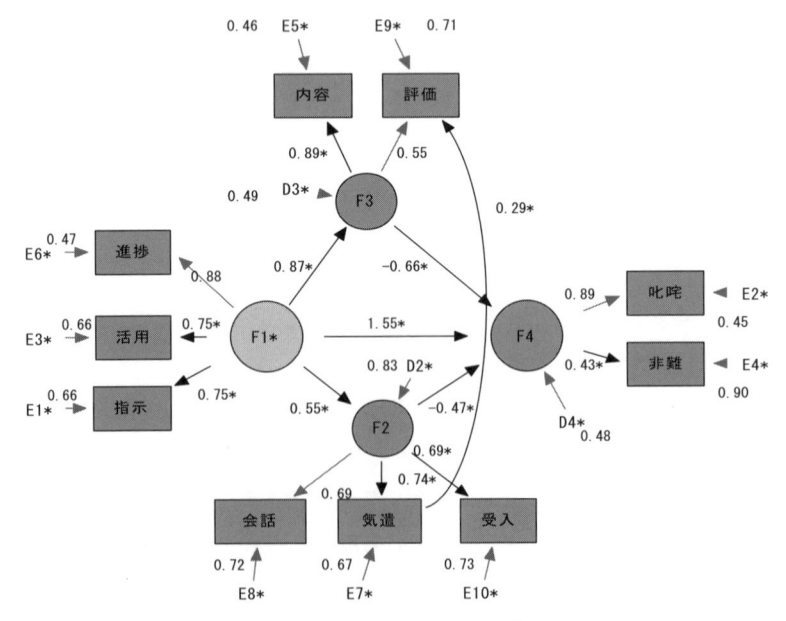

図表 7.37　因子を導入した SEM ②のパス図

7.4 従業員満足度の解析(GM+SEM)

カイ二乗検定

	検定統計量	自由度	p値
INDEPENDENCE MODEL CHI-SQUARE	437.89000	45	
MODEL CHI-SQUARE	32.83400	29	0.28449
MINIMIZED MODEL FUNCTION VALUE	0.33165		

適合度指標

	略称	推定値
BENTLER-BONETT NORMED FIT INDEX	NFI	0.92502
BENTLER-BONETT NON-NORMED FIT INDEX	NNFI	0.98486
COMPARATIVE FIT INDEX (CFI)	CFI	0.99024
BOLLEN (IFI) FIT INDEX	IFI	0.99062
MCDONALD (MFI) FIT INDEX	MFI	0.98101
LISREL AGFI FIT INDEX	AGFI	0.89920
LISREL GFI FIT INDEX	GFI	0.94685
ROOT MEAN-SQUARE RESIDUAL (RMR)	RMR	0.05041
STANDARDIZED RMR	SRMR	0.04974
ROOT MEAN-SQUARE ERROR OF APPROXIMATION (RMSEA)	RMSEA	0.03654
CONFIDENCE INTERVAL FOR RMSEA (LOWER BOUND)		0.00000
CONFIDENCE INTERVAL FOR RMSEA (UPPER BOUND)		0.08742

標準化残差の大きい変数の組合せ

変数名		標準化残差
気遣	内容	-0.14030
会話	指示	0.13788
受入	指示	0.10921
受入	内容	0.08704
評価	評価	0.08643
評価	指示	-0.08639
評価	会話	0.08239
受入	活用	-0.07479
気遣	叱咤	0.07325
受入	進捗	0.07242
受入	会話	-0.07153
会話	叱咤	-0.06894
非難	指示	-0.05997
評価	気遣	-0.05960
会話	叱咤	-0.05506
評価	内容	-0.04139
気遣	進捗	-0.03910
内容	非難	0.03830
叱咤	指示	-0.03534
活用	叱咤	0.03532

情報量規準

	統計量
INDEPENDENCE AIC	347.89000
MODEL AIC	-25.16600
INDEPENDENCE CAIC	185.65000
MODEL CAIC	-129.72000

図表 7.38 SEM②の適合度

パラメータ推定値　非標準解
測定方程式（従属変数が観測変数）

変数名		推定値	変数名		推定値	変数名	推定値	変数名	寄与率
V1 指示	=	0.85068	F1	+	1.0000	E_指示			0.55988
標準誤差		0.09562							
V2 叱咤	=	1.00000	F4	+	1.0000	E_叱咤			0.79799
V3 活用	=	0.87492	F1	+	1.0000	E_活用			0.55987
標準誤差		0.09834							
V4 非難	=	0.49037	F4	+	1.0000	E_非難			0.18337
標準誤差		0.14978							
V5 内容	=	1.87458	F3	+	1.0000	E_内容			0.78428
標準誤差		0.35485							
V6 進捗	=	1.00000	F1	+	1.0000	E_進捗			0.77769
V7 気遣	=	0.97838	F2	+	1.0000	E_気遣			0.55289
標準誤差		0.17563							
V8 会話	=	1.00000	F2	+	1.0000	E_会話			0.47933
V9 評価	=	0.26331	気遣	+	1.0000	F3	+	1.00000	E_評価	0.50249
標準誤差		0.07511							
V10 受入	=	0.80441	F2	+	1.0000	E_受入			0.47371
標準誤差		0.14961							

構造方程式（従属変数が潜在変数）

変数名		推定値	変数名		推定値	変数名	推定値	変数名	推定値	変数名	寄与率
F2 F2	=	0.46712	F1	+	1.0000	D_F2					0.3051
標準誤差		0.10932									
F3 F3	=	0.48601	F1	+	1.0000	D_F3					0.7605
標準誤差		0.09713									
F4 F4	=	-0.5101	F2	-	1.0907	F3	+	1.42341	F1	+	1.00000	D_F4	0.7663
標準誤差		0.16394			0.7186			0.42830				

図表 7.39 SEM②のパラメータの推定値

と求められる.したがって,総合効果は3つの効果の和として,0.656(標準解：0.713)と求められる.管理機能から抑圧機能への総合的な効果は,直接効果の強い影響で正に働く.これは経験的に理解できる.

それに対して間接効果に着目すれば,同じ管理機能レベルであっても,業務の成果を感じていたり,上司とのコミュニケーション関係による維持機能が働いていたりすれば,抑圧効果を減らすことができることを表している.また,維持機能と成果機能間に直接効果がないことは暗示的である.

以上のアプローチ,すなわち無向グラフ→因果仮説の設定→因果グラフによるモデリング→因子を含むモデリングは,いきなり確証的な因果分析を行うよりも直感的であり,かつ非常に効率的である.そのうえ,論理的にも健全である.

標準解について

標準解とは,すべての変数の分散を1に標準化したときのパス係数である.ちょうど,単回帰モデルにおける,説明変数 x が1標準偏差分だけ動いたときに,目的変数 y が y の標準偏差の何倍の動いたかを示す値である.すなわち,一般解は $y = b_0 + b_1 x + e$ においての傾き b_1 であり,標準解とは,$\left(\dfrac{y-\bar{y}}{e_y}\right) = b^* \cdot \left(\dfrac{x-\bar{x}}{e_x}\right) + e^*$ の係数 b^* である.b^* は相関係数 r とは異なり,その値が絶対値で1を超えることもありうる.

7.5 市販乳パッケージの評価(GM と SEM の融合)

7.5.1 事例概要

真柳(2000)では,栄養学の学生108人を使って,代表的な市販乳12商品のパッケージを対象に,複数の設問を用意して,各設問7段階の評点で牛乳パッケージの魅力度を測定している.廣野・真柳(2001)では,そのデータを用いて

7.5 市販乳パッケージの評価(GMとSEMの融合)

GMとSEMを融合させた因果分析のアプローチを紹介している.彼らのアプローチの概要は,観測変数から8因子を抽出し,因子間の構造探索にGMを用いた後,得られたモデルをSEMに渡して統合的な因果モデルを構築している.本節では,そのなかの20の観測変数の情報を使って,

手順1 20の観測変数から8因子を独立グラフ→パス図で抽出
手順2 8因子間の構造を独立グラフ→因果グラフで表現
手順3 20の観測変数を含んだ統合的な因果モデルを同定

に分けて解析過程を紹介する.

7.5.2 GMによる因子の抽出

108人の評価者が12種類の牛乳のパッケージを20の設問に対して評価しているので,もともとは3元データである.今回は,パッケージと人を行に配置して,108×12 = 1296の20設問に対する回答パターンという2元データとして解析する.

逸脱度は,

$$dev\{RM(i)\} = n \log \frac{|\hat{\mathbf{\Pi}}_{(i)}|}{|\mathbf{R}|} \tag{7.6}$$

であったから,標本数nに大きく依存する.$n = 1296$と大きな標本数の場合,カイ2乗検定にもとづいたp値の判断では,線はほとんど切断できないことになる.

ここでは,因子を抽出したいので,統計量や適合度指標よりも,大骨の線だけを確認する.経験的に偏相関係数の切断基準を絶対値で0.15と設定して,変数減少法で共分散選択を行う.そのときに,残差が絶対値で0.2を超えていた場合は,あまりにも当てはまりが悪いと判断して,再度接続する.

こうして得られた独立グラフを**図表7.40**に示す.GM①は大骨のモデルなので,特別良好な適合度が得られるわけではない.**図表7.40**では,強い偏相関が認められる要素を含むクリークを破線の楕円で囲んでいる.8つの囲まれ

フルモデルとの比較：逸脱度=1024.106　自由度=163　p値=0.0000
適合度指標：GFI=0.790　AGFI=0.729　NFI=0.941　SRMR=0.065

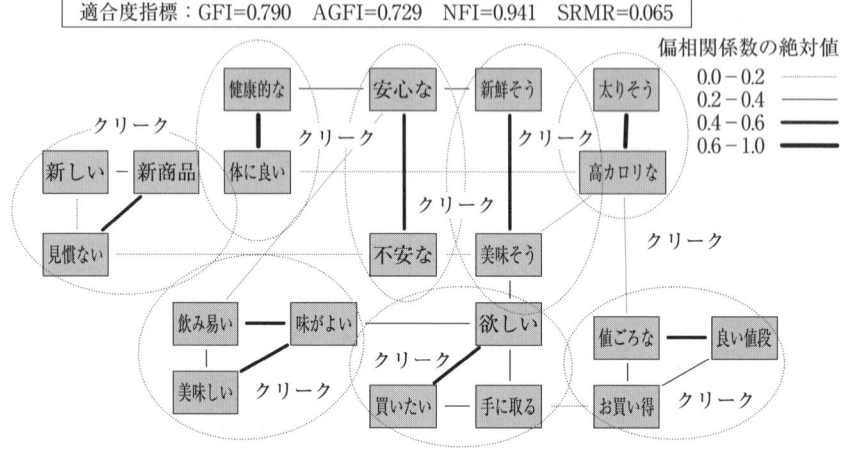

図表 7.40　切断基準を大きくした大骨の GM①

た領域にそれぞれ因子が1つ隠されていると想定して，8因子モデルの仮説を立てた．仮説にもとづいて，因子間にすべてのパスを引く FM を SEM①に設定した．これを**図表 7.41**に示す．モデルの適合度は $GFI = 0.944$，$AGFI = 0.918$，$RMSEA = 0.059$ であった．このときの因子から観測変数への推定値を**図表 7.42**に示す．得られた8つの因子を以下のように定義した．

F1：魅　力　　F2：中　身　　F3：価　格　　F4：見た目
F5：安心感　　F6：新規性　　F7：健康的　　F8：高脂感

7.5.3　GM による因子間構造の探索

8因子が抽出できたので，次に因子間の相関を推定する．「SEM 因果分析編」を使うと，SEM①から，因子間相関係数を計算し，GM へ引き渡してくれる．**図表 7.43**に因子間相関係数行列を示す．**図表 7.43**を出発点として独立グラフ作成する．

まず，切断基準を 0.1 として独立グラフの共分散選択を行う．その後は，同程度の偏相関係数の絶対値をもつ複数の切断候補があるか否かを確認する．複

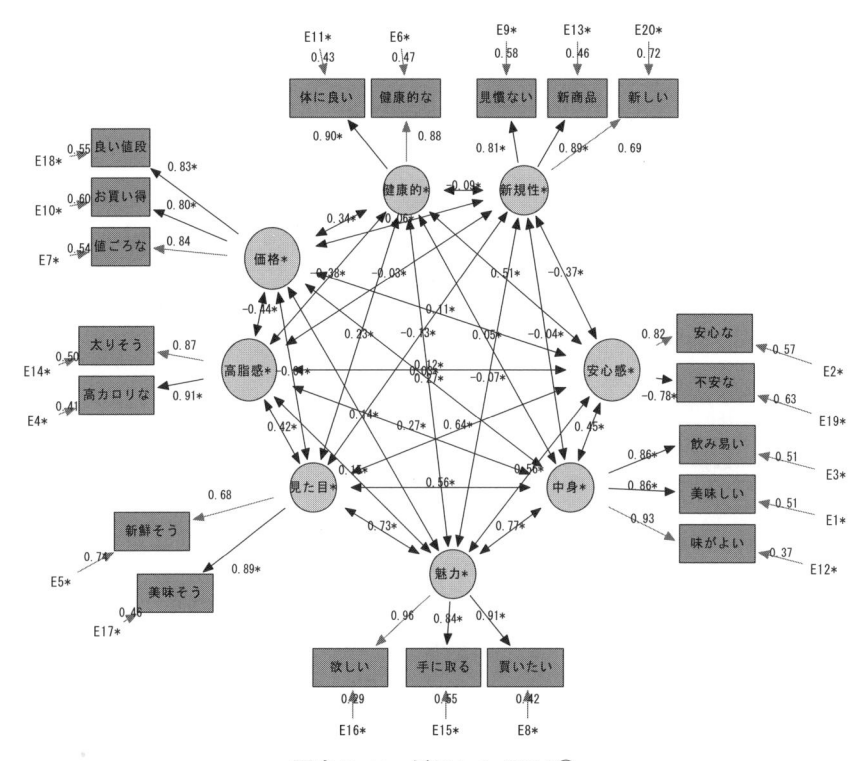

7.5 市販乳パッケージの評価(GM と SEM の融合)

図表 7.41 採用した SEM ①

数候補がある場合は，切断後の相関係数の残差と変数の意味に注意しながら変数選択を行い，最終的に**図表 7.44** の GM ②を得た．

因子間相関の構造探索に GM を用いると，これまでも述べてきたように，一般的知見が乏しくても，非常に短時間で因子間構造を推定することが可能であり，本事例では合計 16 本の線を切断しても，出発モデルからの乖離はさほどでもない．モデルの適合度は $GFI = 0.925$，$AGFI = 0.831$ である．

次に，この独立グラフと知見から，因子間に以下に示す6つの階層があると想定した．連鎖独立グラフの手順に従い解析する．

$b(1) = \{価格\}$，$b(2) = \{新規性\}$，$b(3) = \{安心感, 健康的, 高脂感\}$

$b(4) = \{見た目\}$，$b(5) = \{中身\}$，$b(6) = \{魅力\}$

変数名		推定値	変数名		推定値	変数名	寄与率
V1 美味しい	=	0.95744	中身	+	1.00000	E 美味しい	0.74045
V2 安心な	=	1.00000	安心感	+	1.00000	E 安心な	0.67605
V3 飲み易い	=	0.92434	中身	+	1.00000	E 飲み易い	0.73513
V4 高カロリな	=	1.07260	高脂感	+	1.00000	E 高カロリな	0.82991
V5 新鮮そう	=	1.00000	見た目	+	1.00000	E 新鮮そう	0.45582
V6 健康的な	=	1.00000	健康的	+	1.00000	E 健康的な	0.77982
V7 値ごろな	=	1.00000	価格	+	1.00000	E 値ごろな	0.70351
V8 買いたい	=	0.93297	魅力	+	1.00000	E 買いたい	0.82739
V9 見慣ない	=	1.63979	新規性	+	1.00000	E 見慣ない	0.66059
V10 お買い得	=	0.86762	価格	+	1.00000	E お買い得	0.64169
V11 体に良い	=	0.96251	健康的	+	1.00000	E 体に良い	0.81211
V12 味がよい	=	1.00000	中身	+	1.00000	E 味がよい	0.86476
V13 新商品	=	1.50534	新規性	+	1.00000	E 新商品	0.79196
V14 太りそう	=	1.00000	高脂感	+	1.00000	E 太りそう	0.75378
V15 手に取る	=	0.84426	魅力	+	1.00000	E 手に取る	0.69958
V16 欲しい	=	1.00000	魅力	+	1.00000	E 欲しい	0.91647
V17 美味そう	=	1.61018	見た目	+	1.00000	E 美味そう	0.78631
V18 良い値段	=	0.89200	価格	+	1.00000	E 良い値段	0.69429
V19 不安な	=	−0.88224	安心感	+	1.00000	E 不安な	0.60329
V20 新しい	=	1.00000	新規性	+	1.00000	E 新しい	0.47719

図表 7.42 潜在因子から観測変数へのパス係数(非標準解)

	魅力	中身	見た目	高脂感	安心感	健康的	新規性	価格
魅力	1.0000	0.7665	0.7273	0.1498	0.5590	0.2697	−0.0711	0.1422
中身	0.7665	1.0000	0.5624	0.2728	0.4524	0.0466	−0.0368	0.0275
見た目	0.7273	0.5624	1.0000	0.4178	0.6423	0.2285	−0.1336	−0.0118
高脂感	0.1498	0.2728	0.4178	1.0000	0.1190	−0.3802	−0.0263	−0.4357
安心感	0.5590	0.4524	0.6423	0.1190	1.0000	0.5067	−0.3683	0.1136
健康的	0.2697	0.0466	0.2285	−0.3802	0.5067	1.0000	−0.0898	0.3351
新規性	−0.0711	−0.0368	−0.1336	−0.0263	−0.3683	−0.0898	1.0000	0.0559
価格	0.1422	0.0275	−0.0118	−0.4357	0.1136	0.3351	0.0559	1.0000
STD DE	1.6172	1.5002	0.8430	1.2035	1.1498	1.0777	0.7929	1.1666
MEAN	0.0000	0.0000	0.0000	0.0000	0.0000	0.0000	0.0000	0.0000

図表 7.43 8因子の相関係数行列

連鎖独立グラフの手順に従い解析した結果を図表 7.45 に示す．このモデルの適合度は 17 本の線・矢線を切断し，$NFI = 0.937$ であった．なお，今回は意図的に線を多めに切断したが，共分散選択において切断ルールを厳しく調節し線を増やしてもよい．

7.5.4 統合的な因果モデルの同定

再び SEM に戻り，GM ③を意識した因果分析を行う．すなわち，因子間を図表 7.45 の構造とし，因子と観測変数をつなぐと統合的な因果モデルが完成する．多くの場合は，これで適合度の高いモデルが求められる．さらにパスを増やして適合度を上げる工夫として，標準化残差の大きい変数対について，パ

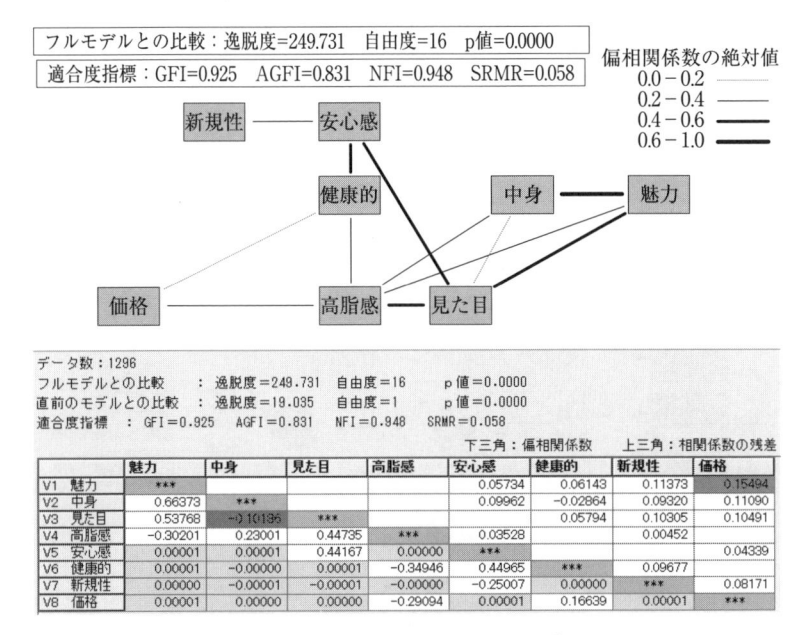

7.5 市販乳パッケージの評価（GM と SEM の融合）

フルモデルとの比較：逸脱度=249.731　自由度=16　p値=0.0000
適合度指標：GFI=0.925　AGFI=0.831　NFI=0.948　SRMR=0.058

偏相関係数の絶対値
0.0 – 0.2
0.2 – 0.4
0.4 – 0.6
0.6 – 1.0

データ数：1296
フルモデルとの比較　　　：逸脱度=249.731　自由度=16　p値=0.0000
直前のモデルとの比較　　：逸脱度=19.035　自由度=1　p値=0.0000
適合度指標　：GFI=0.925　AGFI=0.831　NFI=0.948　SRMR=0.058

下三角：偏相関係数　　上三角：相関係数の残差

	魅力	中身	見た目	高脂感	安心感	健康的	新規性	価格
V1 魅力	***				0.05734	0.06143	0.11373	0.15494
V2 中身	0.66373	***			0.09962	-0.02864	0.09320	0.11090
V3 見た目	0.53768	-0.10195	***			0.05794	0.10305	0.10491
V4 高脂感	-0.30201	0.23001	0.44735	***	0.03528		0.00452	
V5 安心感	0.00001		0.44167	0.00000	***			0.04339
V6 健康的	0.00001	-0.00000	0.00001	-0.34946	0.44965	***		0.09677
V7 新規性	0.00000	-0.00001	-0.00001	-0.25007	0.00000	***		0.08171
V8 価格	0.00001	0.00000	0.00000	-0.29094	0.00001	0.16639	0.00001	***

図表 7.44　GM による因子間構造の推定（GM ②の独立グラフ）

フルモデルとの比較：逸脱度=304.554　自由度=17　p値=0.0000
適合度指標：NFI=0.937

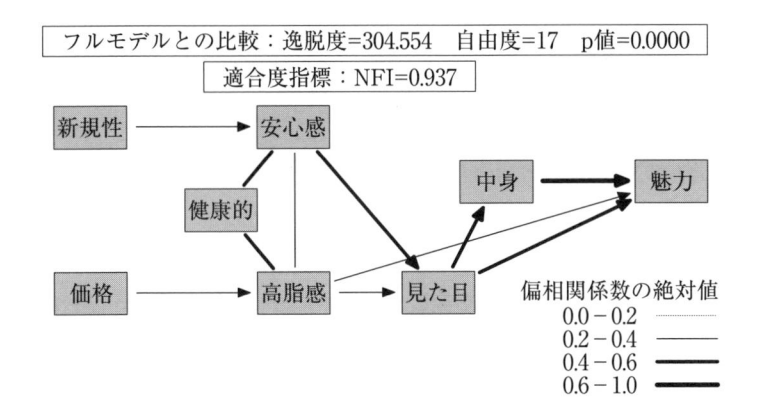

偏相関係数の絶対値
0.0 – 0.2
0.2 – 0.4
0.4 – 0.6
0.6 – 1.0

図表 7.45　GM による因子間の因果構造の推定（GM ③の因果グラフ）

スを追加することを行ってもよいだろう．**図表 7.46** が得られたパス図である．
これより，健康的と安心感と高脂感の間に 2 次因子を設定してもよいかもしれ

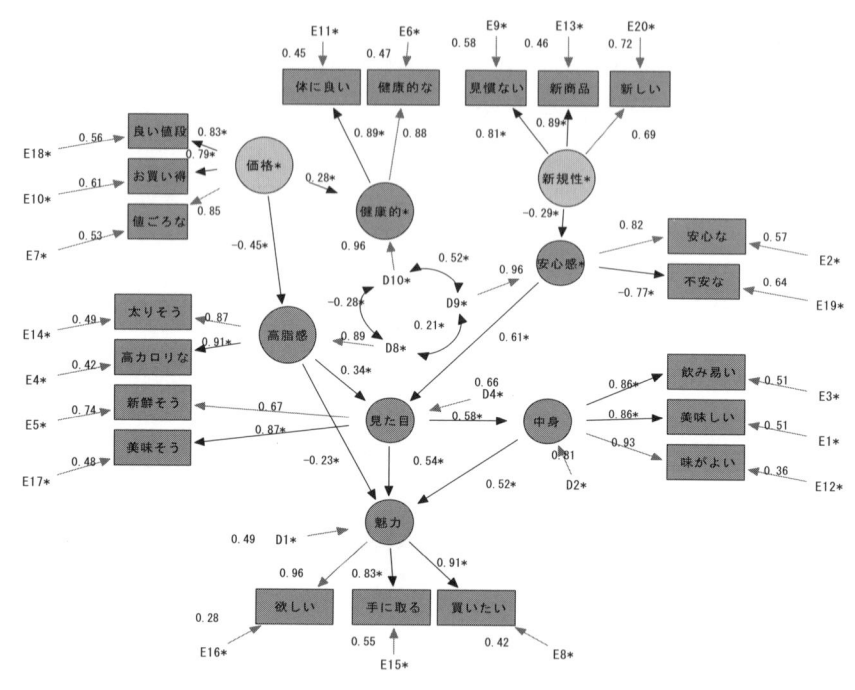

図表 7.46 SEM による因子間の因果構造の同定(SEM ②のパス図)

ない．

図表 7.47 に，SEM ②の適合度を示す．$GFI = 0.935$，$AGFI = 0.914$，$SRMR = 0.069$ であり，良好なモデルが得られたと考えられる．観測変数と因子，因子間の構造方程式を**図表 7.48** に示す．

得られた推定値を使って，高脂感の効果の分解を行ってみよう．高脂感と魅力は高い相関があるようには見えなかった．実際に，総合効果は，非標準解で 0.0777(標準解：0.059)である．直接効果は，非標準解で−0.299(標準解：−0.225)ほどある．直接的な効果は負の値をとり，高脂感が高いほど総合効果には負の影響を与えている．しかし，間接効果の影響によりその効果は相殺され，わずかながら正の関係が成立しているのである．間接効果を見てみよう．間接効果のパスは2つあって，高脂感→見た目→魅力のパスからは，非標準解

7.5 市販乳パッケージの評価(GM と SEM の融合)

カイ二乗検定

	検定統計量	自由度	p値
INDEPENDENCE MODEL CHI-SQUARE	17407.0000	190	
MODEL CHI-SQUARE	921.91000	158	0.39978
MINIMIZED MODEL FUNCTION VALUE	0.71190		

適合度指標

	略称	推定値
BENTLER-BONETT NORMED FIT INDEX	NFI	0.94704
BENTLER-BONETT NON-NORMED FIT INDEX	NNFI	0.94664
COMPARATIVE FIT INDEX (CFI)	CFI	0.95563
BOLLEN (IFI) FIT INDEX	IFI	0.95571
MCDONALD (MFI) FIT INDEX	MFI	0.74474
LISREL AGFI FIT INDEX	AGFI	0.91365
LISREL GFI FIT INDEX	GFI	0.93503
ROOT MEAN-SQUARE RESIDUAL (RMR)	RMR	0.13427
STANDARDIZED RMR	SRMR	0.06941
ROOT MEAN-SQUARE ERROR OF APPROXIMATION (RMSEA)	RMSEA	0.06110
CONFIDENCE INTERVAL FOR RMSEA (LOWER BOUND)		0.05728
CONFIDENCE INTERVAL FOR RMSEA (UPPER BOUND)		0.06491

情報量規準

	統計量
INDEPENDENCE AIC	17027.0000
MODEL AIC	605.91000
INDEPENDENCE CAIC	15855.0000
MODEL CAIC	-368.48000

標準化残差の大きい変数の組合せ

変数名	変数名	標準化残差
健康的な	新鮮そう	0.24966
手に取る	お買い得	0.21106
お買い得	買いたい	0.20843
お買い得	新鮮そう	0.19711
欲しい	お買い得	0.19635
新しい	手に取る	0.18342
体に良い	新鮮そう	0.17685
良い値段	新鮮そう	0.17543
手に取る	飲み易い	0.17242
手に取る	新商品	0.15392
味がよい	お買い得	0.14885
良い値段	手に取る	0.13618
不安な	見慣れない	0.13593
良い値段	欲しい	0.13218
良い値段	美味しい	0.13204
お買い得	美味しい	0.12631
美味そう		0.12460
見慣れない	健康的な	-0.12333
不安な	良い値段	-0.12195
新しい	買いたい	0.11762

図表 7.47 SEM ② の適合度

パラメータ推定値　非標準解

測定方程式（従属変数が観測変数）

変数名		推定値	変数名		推定値	変数名	寄与率
V1 美味しい	=	0.95500	中身	+	1.00000	E_美味しい	0.73900
V2 安心な	=	1.00000	安心感	+	1.00000	E_安心な	0.67719
V3 飲み易い	=	0.92274	中身	+	1.00000	E_飲み易い	0.73491
V4 高カロリな	=	1.06313	高脂感	+	1.00000	E_高カロリな	0.82511
V5 新鮮そう	=	1.00000	見た目	+	1.00000	E_新鮮そう	0.45376
V6 健康的な	=	1.00000	健康的	+	1.00000	E_健康的な	0.78179
V7 値ごろな	=	1.00000	価格	+	1.00000	E_値ごろな	0.71683
V8 買いたい	=	0.92978	魅力	+	1.00000	E_買いたい	0.82479
V9 見慣ない	=	1.64286	新規性	+	1.00000	E_見慣ない	0.66277
V10 お買い得	=	0.85149	価格	+	1.00000	E_お買い得	0.62976
V11 体に良い	=	0.95426	健康的	+	1.00000	E_体に良い	0.80069
V12 味がよい	=	1.00000	中身	+	1.00000	E_味がよい	0.86716
V13 新商品	=	1.50368	新規性	+	1.00000	E_新商品	0.78986
V14 太りそう	=	1.00000	高脂感	+	1.00000	E_太りそう	0.76365
V15 手に取る	=	0.84173	魅力	+	1.00000	E_手に取る	0.69700
V16 欲しい	=	1.00000	魅力	+	1.00000	E_欲しい	0.91982
V17 美味そう	=	1.59407	見た目	+	1.00000	E_美味そう	0.76516
V18 良い値段	=	0.88209	価格	+	1.00000	E_良い値段	0.69180
V19 不安な	=	-0.87270	安心感	+	1.00000	E_不安な	0.58989
V20 新しい	=	1.00000	新規性	+	1.00000	E_新しい	0.47697

構造方程式（従属変数が潜在変数）

変数名		推定値	変数名		推定値	変数名		推定値	変数名	寄与率
F1 魅力	=	0.55549	中身	+	1.03407	見た目	-	0.29926	高脂感	+	1.00000	D_魅力	0.76093
F2 中身	=	1.04185	見た目	+	1.00000	D_中身					0.34068
F4 見た目	=	0.23375	高脂感	+	0.45421	安心感	+	1.00000	D_見た目	0.56494
F8 高脂感	=	-0.46928	価格	+	1.00000	D_高脂感					0.20537
F9 安心感	=	-0.41695	新規性	+	1.00000	D_安心感					0.08406
F10 健康的	=	0.25223	価格	+	1.00000	D_健康的					0.07746

図表 7.48 SEM ② のパラメータ推定値

で 0.241717＝0.234×1.034(標準解：0.182)，および高脂感→見た目→中身→魅力のパスからは，非標準解で 0.135＝0.234×1.042×0.555(標準解：0.101802)の正の影響が出ている．同じ，高脂感でも，見た目や中身によりそれが魅力にマイナスにならずに和らげる効果があるということが示唆されている．逆に，見た目や中身が同じであれば，高脂感は魅力にはマイナスに働くということである．

　以上から，GM を併用した探索的なアプローチは，因子間の一般的な知見が乏しくても，統計的な基本ルールに従い独立グラフで探索すれば，短時間で有効な因果モデルの推論ができることが確認できた．そのうえで，知見を踏まえた対話的モデリングも可能であり，今回は，因果グラフによる，柔軟な因子間構造の探索の可能性も示すことができた．本事例から，因果分析の一つのアプローチとして，因子数探索および因子間構造の探索に GM と SEM を融合した逐次的なモデリングのステップの有効性を示すことができた．

　なお，SEM ②では(高脂感，健康的，安心感)の部分に誤差相関を設定しているが，そこに 2 次因子を埋め込むこともできる．あるいは b(3)を分解して，高脂感→健康的→安心感と因果関係を考えたら，**図表 7.49** に示すモデルとなる．

独立グラフとクリーク

　GM の独立グラフにおいて，すべての変数が線で結ばれているときに，そのグラフは完全という．例えば FM は完全であるといえる．ある変数の部分集合 c について，それらの変数で構成されるグラフが完全であり，c にどの変数を追加してもグラフが完全にならないとき，変数の部分集合 c をクリークという．クリークのある領域には，因子が潜んでいる可能性が高いことが経験的に知られている．

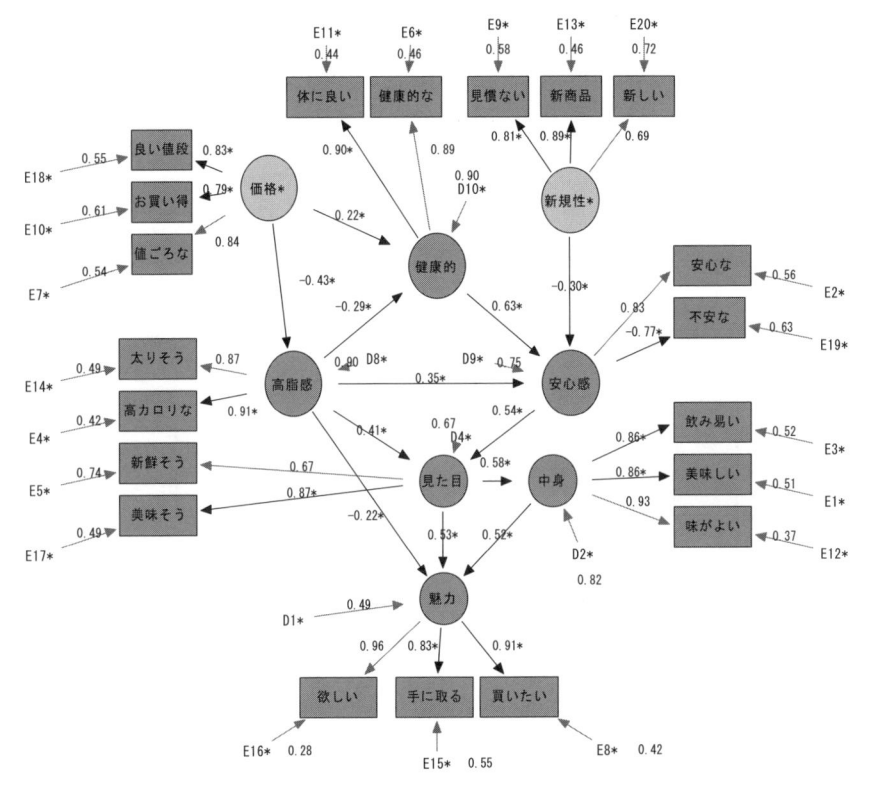

図表 7.49 有向独立グラフから求めた因果構造（SEM ③のパス図）

7.6 潜像形成条件のメカニズム探索（多特性＋SEM）

7.6.1 事例概要

　プリンタの潜像形成条件を決めるための連続プリント試験を行った．本事例は**図表 7.50** に示す直積実験である．内側には制御因子の設定に実験計画法の L_9 直交表を使い，それぞれ 3 水準で総電流・入力電圧・A 回路電流・B 回路電流を制御因子に設定した．外側には誤差因子として，連続プリント試験と感光体・感光体表面の測定位置を割り付けた．特性には感光体表面の帯電電位を

図表7.50 連続プリント試験の計画表

No.	総電流	入力電圧	A電流	B電流	試験スタート時									試験終了時								
					感光体1				感光体2				感光体1				感光体2			
					測定位置				測定位置				測定位置				測定位置			
					1	2	…	n	1	2	…	n	1	2	…	n	1	2	…	n
1	1	1	1	1																
2	1	2	2	2																
3	1	3	3	3																
4	2	1	2	3																
5	2	2	3	1																
6	2	3	1	2																
7	3	1	3	2																
8	3	2	1	3																
9	3	3	2	1																

平均,標準偏差の算出

考えて,試験開始時と試験終了時の帯電電位の平均・SM・EMと標準偏差SSD・ESDを求めた.狙いは,平均を目的の値800Vに近づけ,標準偏差の値を小さくすることである.

特性の基本統計量と相関係数行列を**図表7.51**に,多変量連関図を**図表7.52**に示す.試験前後の平均間(SM, EM)と標準偏差間(SSD, ESD)には正相関がある.平均と標準偏差との間には相関関係はないことがわかる.つまり,平均と標準偏差は独立であるということである.これは,理屈とデータが一致している.

7.6.2 多特性の解析

SM,EM,SSD,ESDを目的変数として,多特性の応答曲面解析の結果を

7.6 潜像形成条件のメカニズム探索（多特性＋SEM）

変数名	データ数	合計	最小値	最大値	平均値	標準偏差	変動係数	ひずみ	とがり
SM	18	14794.660	612.330	983.330	821.9256	115.00990	0.1399	-0.285	-0.773
EM	18	15422.670	647.670	1050.000	856.8150	116.05092	0.1354	-0.121	-0.614
SSD	18	201.011	4.504	25.166	11.1673	5.83156	0.5222	1.092	0.514
ESD	18	247.134	3.055	26.458	13.7297	7.38813	0.5381	0.559	-0.780

No	変数名	SM	EM	SSD	ESD
8	SM	1.000	0.982++	0.157	0.119
9	EM	0.982++	1.000	0.273	0.195
10	SSD	0.157	0.273	1.000	0.872++
11	ESD	0.119	0.195	0.872++	1.000

図表 7.51 特性の基本統計量（上）と相関係数行列（下）

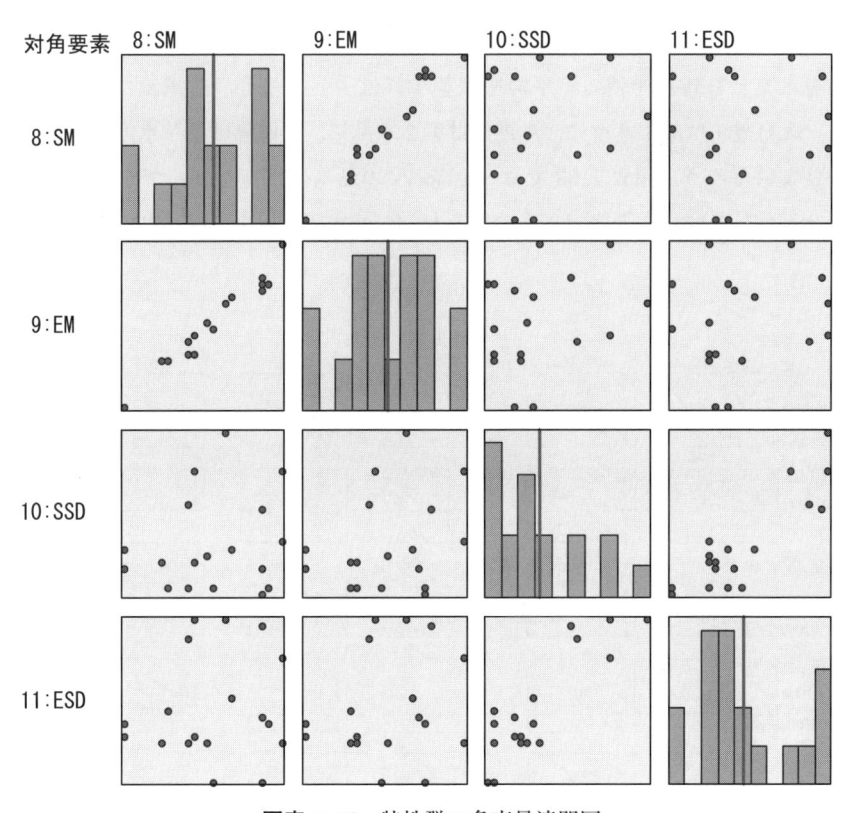

図表 7.52 特性群の多変量連関図

図表7.53に示す．ばらつきを低減させる条件の下で平均を動かして800Vに近づけることが期待されているとする．先にばらつきを抑えることを考える．

SSDとESDのグラフから，総電流とB電流はばらつきを抑える効果がないことがわかる．入力電圧を小さくするとばらつきが小さく抑えられる．A電流は第2水準近傍でばらつきを小さくできる．感光体によりばらつきの大きさが異なる．次にSMとEMのグラフから，総電流・入力電圧・B電流はともに大きいほうが値も大きくなることがわかる．A電流は第2水準近傍に最大値がある．感光体による平均の差はない．

そこで，入力電圧とA電流を使ってばらつきを抑え，ばらつきに関係の弱い総電流とB電流を使って平均を調整すればよいだろう．総電流は第2水準に，入力電圧は第1水準に，A電量は第2水準に，B電流は第3水準に設定するとよいだろう．図表7.53ではStatWorksの最適化機能を使って求めた最適解を表示している．調節できるのであれば，総電流・A電流は第2水準よりや

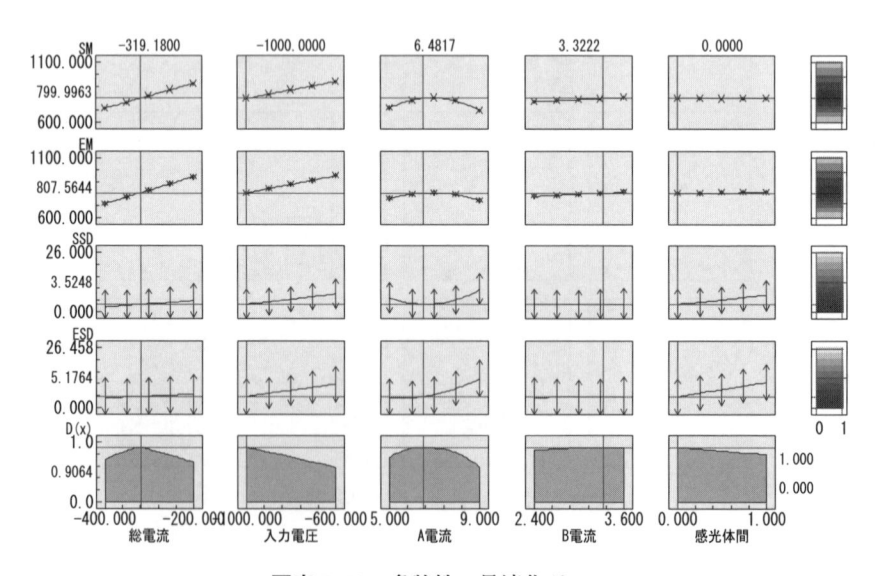

図表7.53 多特性の最適化グラフ

7.6 潜像形成条件のメカニズム探索(多特性+SEM)

No	因子量	SM 分散比	β	EM 分散比	β	SSD 分散比	β	ESD 分散比	β
0	定数項	3471.9030	1417.004	1396.7421	1442.207	1.1434	12.964	0.1851	6.267
1	総電流	1197.2733	1.033	542.5023	1.116	0.9800	0.015	0.1695	0.007
3	入力電圧	536.1220	0.346	214.9608	0.351	2.3640	0.012	2.1650	0.013
4	A電流	12.1136	-5.194	2.5440	-3.820	1.3403	0.871	5.0304	2.028
A	(A電流-7.000)	311.7311	-22.819	45.6140	-14.007	3.0295	1.134	0.8280	0.712
6	B電流	35.7499	29.493	14.5192	30.417	0.0125	0.281	0.0152	0.377
7	感光体間	0.0009	-0.149	0.5887	6.001	2.5525	3.926	4.4436	6.224

図表 7.54 分散比と効果(回帰係数)の一覧

目的変数名	残差平方和	重相関係数	寄与率R^2	R*^2	R**^2	残差自由度	残差標準偏差
SM	1175.959	0.997	0.995	0.992	0.989	11	10.340
EM	3028.007	0.993	0.987	0.980	0.973	11	16.591
SSD	298.855	0.695	0.483	0.201	-0.051	11	5.212
ESD	431.559	0.731	0.535	0.281	0.054	11	6.264

変数名	SM 標準偏回帰	P値(両側)	EM 標準偏回帰	P値(両側)	SSD 標準偏回帰	P値(両側)	ESD 標準偏回帰	P値(両側)
定数項		0.000		0.000		0.308		0.875
総電流	0.754	0.000	0.808	0.000	0.215	0.343	0.085	0.688
入力電圧	0.505	0.000	0.508	0.000	0.333	0.152	0.303	0.169
A電流	-0.076	0.005	-0.055	0.139	0.251	0.271	0.461	0.046
(A電流-7.00)	-0.385	0.000	-0.234	0.000	0.377	0.110	0.187	0.382
B電流	0.129	0.000	0.132	0.003	0.024	0.913	0.026	0.903
感光体間	-0.001	0.976	0.027	0.459	0.346	0.138	0.433	0.059

図表 7.55 寄与率(上)と標準偏回帰係数の一覧(下)

や小さい側に設定すればよいことがわかる．多特性の最適水準が設定できれば大成功である．最適な条件さえわかれば，もう一度，再現実験にて確認すればよいからである．

ところで，図表 7.53 において各因子の効果は定量的にどのくらい信憑性があるのか詳細にみてみよう．図表 7.54 は，効果の一覧を表示したものである．他の制御因子と比べて分散比の大きいものに破線で囲ってある．平均側では大きな分散比をもつ制御因子が複数存在している．標準偏差側では平均側ほど大きな分散比をもつ因子がないから，モデルの当てはまりは良くない．図表 7.55 は 4 つの LRM の寄与率と標準偏回帰係数の一覧をまとめたものである．平均側の当てはまりは良いが，標準偏差側は p 値の大きなものがモデルに入っていることもあり，再調整済の寄与率 $R*^2$ および $R**^2$ が小さな値となっている．平均は調整できるが，ばらつきはモデルの値ほど小さく抑えられる保証がないかも知れない．

7.6.3 SEMによる因果分析（ダミー変数の導入）

システムのメカニズムに立ち入るためにSEMを活用する．図表7.56は，多特性の解析結果と技術知見に基づいてパス図を作成し，非標準解のパス係数を求めたものである．これを SEM①とする．SEM①では，F1からSM，F2からSSDのパスを固定パラメータ1.0に設定している．また，F1およびF2の分散も固定パラメータ1.0に設定している．感光体間差は，(1, 0)のダミー変数を用いて表しており，パス係数の意味は両者の平均的な差を表している．適合度を上げるため SEM①に対して，さらにパスを貼りめぐらせることができるが，やりすぎないことである．実験計画法のデータは，少ない自由度で検定を行うので，パスの本数を溜め込み過ぎる危険性があり過大評価になりやすい．過大評価とはモデルの適合度は高いのだが，再現性が悪いという意味である．

SEM①を解釈してみよう．はじめに ESD の直接効果に着目する．感光体間

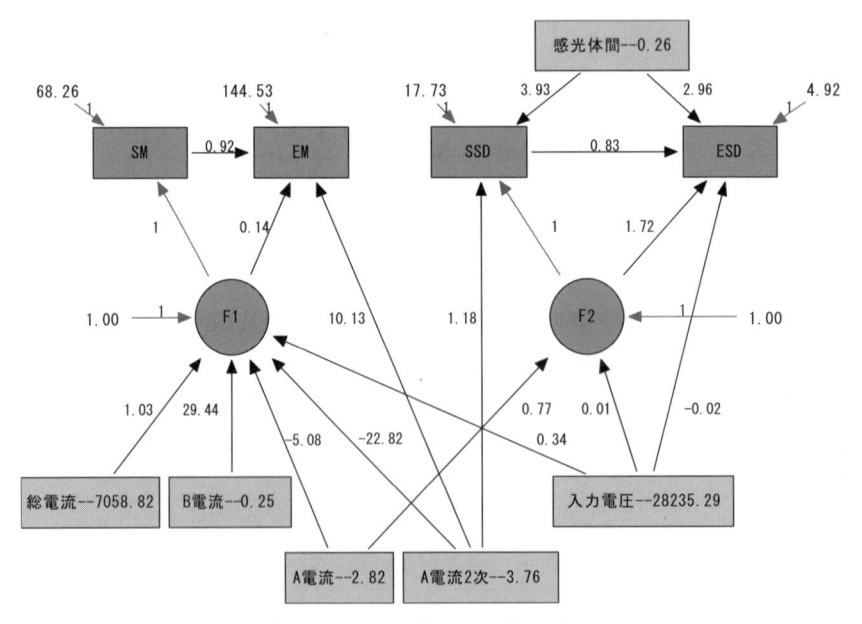

図表 7.56　SEM①の結果（非標準解）

7.6 潜像形成条件のメカニズム探索(多特性＋SEM)

差からSSD・ESDにパスが引かれているから，帯電電位のばらつき方が2つの感光体での違いとなっている．その値は試験終了時のほうが1標準偏差小さいから，システム制御が影響しているのかも知れない．また，SSDからESDのパスの値は1以下であるから，直接効果では，ばらつき方は小さくなっている．入力電圧の値は負であるからばらつきを抑える方向に向いている．連続プリントによりばらつきを大きくするパスとして，A電流の2次項の間接効果，A電流2次→SSD→ESDの $1.18 \times 0.83 = 0.99$ とF2の総合効果がある．この2つのパスの影響力が大きいので，結果としてESDはSSDに比べてばらつきが大きくなっている．F2の総合効果を分解してみる．F2からESDへの直接効果は1.72だけあり，SSDを介した間接効果F2→SSD→ESDは，$1.00 \times 0.83 = 0.83$ であり，総合効果は2.55である．F2はこのプリンタで使われる感光体の真のばらつき方を表しており，F2は制御因子で制御可能であることを表している．図表7.59(p.141参照)を見ると，F2を説明する寄与率は約85%あることがわかる．

今度は，平均のほうに目を向けよう．F2と同様にF1への寄与率は99%あり，制御因子で説明できるように思われる．

SMからEMへの直接効果は0.92であるから，スタート時点の平均的な電位は試験後の自然な変化により少し減少してしまうことがわかる．しかし，F1からEMへの直接効果0.14とA電流の2次項からの直接効果10.13により，帯電電位を下げないようにフィードバック制御がかかっていることがわかる．総電流とB電流は，F1を介してSM・EMに正で影響を与えており，SSD・ESDには直接的にも間接的にもパスが引かれないから，感光体表面の帯電電位のばらつきには影響しないと考えられる．この2因子で最終的な平均を調整すればよい．A電流では，その符号，特に2次項が平均に対しては負であるから上に凸の2次関数，標準偏差に対しては正であるから下に凸の2次関数となる．平均を上げるピークと標準偏差を下げるピークがあり，最適化グラフのとおりであり，両者のピークに設定できればよい．入力電圧はF1を介してSM・EMへ効果が伝播する．その符号はいずれも正である．入力電圧はF2へもパスが

第7章 事例研究

効果の分解　非標準解

変数名		SM	SSD	F1	F2	総電流	入力電圧	A電流	A電流2次	B電流	感光体間	E_SM	E_EM	E_SS	E_ES	D_F1	D_F2
V8_SM	総合効果			1.000		1.03431	0.34460	−5.083	−22.8191	29.441		1.000			1.000		
	直接効果			1.000								1.000					
	間接効果					1.03431	0.34460	−5.083	−22.8191	29.441					1.000		
V9_EM	総合効果	0.916		1.057		1.09395	0.36447	−5.376	−14.0068	31.139		0.916	1.000		1.057		
	直接効果	0.916		0.141					10.1280.5				1.000				
	間接効果			0.916		1.09395	0.36447	−5.376	−24.1349	31.139		0.916			1.057		
V10_SSD	総合効果				1.000		0.01157	0.7670	1.18454		3.92567			1.000			1.000
	直接効果				1.000				1.18455		3.92567			1.000			
	間接効果						0.01157	0.7670									1.000
V11_ESD	総合効果		0.832		2.552		0.01330	1.9580	0.98607		6.22422			0.832	1.000		2.552
	直接効果		0.832		1.720		−0.01622				2.95630				1.000		
	間接効果				0.832		0.02953	1.9580	0.98607		3.26792			0.832			2.552
F1_F1	総合効果					1.03431	0.34460	−5.083	−22.8191	29.441						1.000	
	直接効果					1.03431	0.34460	−5.083	−22.8191	29.441						1.000	
	間接効果																
F2_F2	総合効果						0.01157	0.7670									1.000
	直接効果						0.01157	0.7670									1.000
	間接効果																

図表7.57　効果の分解

カイ二乗検定

	検定統計量	自由度	P値
INDEPENDENCE MODEL CHI-SQUARE	229.89000	45	
MODEL CHI-SQUARE	20.56500	29	0.87451
MINIMIZED MODEL FUNCTION VALUE	1.20970		

適合度指標

	略称	推定値
BENTLER-BONETT NORMED FIT INDEX	NFI	0.91054
BENTLER-BONETT NON-NORMED FIT INDEX	NNFI	1.07080
COMPARATIVE FIT INDEX (CFI)	CFI	1.00000
BOLLEN (IFI) FIT INDEX	IFI	1.04200
MCDONALD (MFI) FIT INDEX	MFI	1.26400
LISREL AGFI FIT INDEX	AGFI	0.71294
LISREL GFI FIT INDEX	GFI	0.84864
ROOT MEAN-SQUARE RESIDUAL (RMR)	RMR	64.74900
STANDARDIZED RMR	SRMR	0.05362
ROOT MEAN-SQUARE ERROR OF APPROXIMATION (RMSEA)	RMSEA	0.00000
CONFIDENCE INTERVAL FOR RMSEA (LOWER BOUND)		0.00000
CONFIDENCE INTERVAL FOR RMSEA (UPPER BOUND)		0.09322

情報量規準

	統計量
INDEPENDENCE AIC	139.89000
MODEL AIC	−37.43500
INDEPENDENCE CAIC	54.81900
MODEL CAIC	−92.25600

図表7.58　SEM①の適合度

7.6 潜像形成条件のメカニズム探索(多特性＋SEM)

パラメータ推定値　非標準解
測定方程式〈従属変数が観測変数〉

変数名		推定値	変数名		推定値	変数名		推定値	変数名		推定値	変数名	寄与率
V8 SM	=	1.0000	F1	+	1.0000	E_SM							0.9948
標準誤差													
z値													
V9 EM	=	0.9164	SM	+	0.1412	F1	+	10.128	A電流2次	+	1.0000	E_EM	0.9892
標準誤差		0.3555			0.3566			1.6366					
z値		2.5776			0.3960			6.1882					
V10 SSD	=	1.0000	F2	+	1.1845	A電流2	+	3.9256	感光体間	+	1.0000	E_SSD	0.4712
標準誤差					0.5370			2.0401					
z値					2.2055			1.9242					
V11 ESD	=	0.8324	SSD	+	1.7200	F2	+	-0.0162	入力電圧	+	2.9563	感光体間	+1.00000 E_ESD	0.9079
標準誤差		0.1576			1.4537			0.0194			1.4609		
z値		5.2818			1.1831			-0.835			2.0235		

構造方程式〈従属変数が潜在変数〉

変数名		推定値	変数名		推定値	変数名		推定値	変数名		推定値	変数名		推定値	変数名	寄与率
F1 F1	=	1.0343	総電流	+	0.3446	入力電圧	+	-5.0836	A電流	+	22.819	A電流2次	+	29.441	B電流	+ 1.0000 D_F1	0.9999
標準誤差		0.0239			0.0119			1.1956			1.0402			3.9858		
z値		43.118			28.781			-4.251			21.93			7.3865		
F2 F2	=	0.0115	入力電圧	+	0.7670	A電流	+	1.0000	D_F2							0.8447
標準誤差		0.0062			0.6102											
z値		1.8517			1.2570											

図表 7.59　SEM①の測定方程式(上)と構造方程式(下)

引かれているので，平均を上げる効果があるとともに標準偏差も大きくする効果がある因子である．

図表 7.57 に非標準解で効果を分解した表を示しているので参照してほしい．**図表 7.54** の偏回帰係数の値 β と総合効果がほぼ対応している．ほぼという表現は，SEM①のほうでは有意でない制御因子のパスを切断しているからである．SEM①では因子を使って，それを直接効果と間接効果に分解したのである．

図表 7.58 は，SEM①の適合度である．AGFI の値が 0.7 程度ではあるが，他の指標はカイ 2 乗の p 値，GFI，CFI，NFI など良好である．**図表 7.59** に測定方程式と構造方程式を示す．推定値は，**図表 7.57** の直接効果に対応したものである．

参 考 文 献

1) 星野崇宏(2009)：『調査観察データの統計科学——因果推論・選択バイアス・データ融合』，岩波書店.
2) 廣野元久・林俊克(2004)：『JMPによる多変量データ活用術』，海文堂出版.
3) 日本品質管理学会テクノメトリックス研究会 編(1999)：『グラフィカルモデリングの実際』，日科技連出版社.
4) 宮川雅巳(1997)：『グラフィカルモデリング』，朝倉書店.
5) 真柳麻誉美(2000)：「牛乳の買いたさの構造を探る1〜定性調査による仮説モデルの探索と構築〜」，『行動計量学会予稿』，pp. 119-120.
6) 廣野元久・真柳麻誉美(2001)：「牛乳の買いたさの構造を探る3〜グラフィカルモデリングを利用した因子間構造の探索〜」，『行動計量学会予稿』，pp. 176-179.
7) 廣野元久(2002)：「グラフィカルモデリングのためのG-GM&L-GMデータ解析システム」，『計算機統計学』，15-1, pp. 63-74.
8) 宮川雅巳・芳賀敏郎(1997)：「グラフィカル正規モデリングのための対話的データ解析システム」，『品質』，Vol. 27, No. 3, pp. 50-60.

索 引

[英数字]

2次因子モデル　75
AGFI　46, 81
CFI　81
FM（フルモデル）　43
GFI　46, 81
GM　40
LM 検定　79
MIMIC モデル　77
NFI　46, 81
NM（ナルモデル）　44
RM（縮約モデル）　44
SRMR　46
VIF　101

[ア　行]

逸脱度　44, 100, 125
因果関係　2, 5, 7, 19, 22, 36, 47
因果グラフ　47, 49, 51
因果分析　68
因果モデリング　5
因果モデル　128
因子　70
　　──分析　6, 12
応答曲面解析　134

[カ　行]

カイ2乗統計量　80
カイ2乗分布　44, 81
回帰推定法　75
回帰分析　2

観察研究　3
間接効果　11, 68, 105, 108, 130
完全　132
　　──逐次モデル　69
疑似相関　36, 37
希薄化　83
逆行列　39
共分散選択　41, 42, 53, 57
寄与率　68
グラフィカルモデリング　iii, 33, 51
クリーク　125, 132
検証的因子分析　13, 73
検証的因子モデル　72
構造方程式　76
　　──モデリング　iii, 67
　　──モデル　69
合流　49
誤判別率　112

[サ　行]

最適解　136
最適化機能　136
残差　22
時系列解析　104
自己回帰係数　104
自己回帰モデル　104
自己相関係数行列　105
実験計画法　68
重回帰モデル　9
自由度　44
縮約モデル（*RM*）　44
条件付き独立　37, 40

正規性(Anderson-Darling)検定　21
制御因子　23, 90
線　40
線形回帰分析　5
線形回帰モデル　5, 19, 34
潜在因子　88
潜在構造モデル　16, 70
潜在変数　6, 12, 70, 76
相関関係　2, 5, 7
　——行列　33
総合効果　11, 68, 108, 130
層別因子　112
測定方程式　70, 76

[タ 行]

多次元正規分布　40
多重指標多重原因モデル　77
多重指標モデル　75, 77
多特性　134
多変量連関図　25
ダミー変数　138
探索的因子分析　13, 73
逐次モデル　69
中間特性　23, 87, 90
直接効果　11, 68, 108
直交表　68
適合度　44
　——指標　102, 120
等値制約　106, 114
同値モデル　68, 70
独立グラフ　40, 51

[ナ 行]

ナルモデル(NM)　44

[ハ 行]

パス係数　15, 67, 83, 89, 102
パス図　7, 68, 83
判別関数　112
判別分析　110
非実験データ　68
非逐次モデル　69
標準解　15, 84, 124
標準回帰係数　35
不適解　72
フルモデル(FM)　43, 51
平均構造　110, 114
変数減少法　44
変数選択　5
変数増減法　5
偏相関　37
　——係数　37
　——係数行列　38
母相関係数行列　41
母偏相関係数　38

[マ 行]

モラルグラフ　49

[ヤ 行]

矢線　40
有向独立グラフ　95

[ワ 行]

ワルド検定　79, 106

JUSE-StatWorks/V 5 のご案内

■トライアル版の入手方法

本書で使用しているパッケージのトライアル版,およびそのなかで使用しているサンプルデータを下記の㈱日本科学技術研修所の StatWorks ホームページからダウンロードできます.

　　　https://www.i-juse.co.jp/statistics/support/pm/download.html

実際に StatWorks を動かしながら本書の解説や解析手法の出力結果をお読みいただくとさらなる学習効果が期待できます.

また,ホームページからは,本書で紹介している StatWorks の製品概要や活用事例,簡易手順,パッケージの購入方法,典型的な研修カリキュラム,研修内容なども入手できます.

■本シリーズと StatWorks/V 5 シリーズの関係(○は含む)

本シリーズと StatWorks/V 5 製品の手法との関係は,下表のとおりです.

	総合編プレミアム	総合編	QC七つ道具編	品質管理手法編	品質工学編	SEM因果分析編
第1巻	○	○	○			○
第2巻	○	○	○	○		
第3巻	○					
第4巻	○	○			○	
第5巻	○	○	○	○		○
第6巻	○	○				○

注)　第1巻:ものづくりに役立つ統計的方法入門,第2巻:管理図・SPC・MSA入門,第3巻:信頼性データ解析入門,第4巻:パラメータ設計・応答曲面法・ロバスト最適化入門,第5巻アンケート調査の計画・分析入門,第6巻:SEM因果分析入門

◆監修者・著者紹介

棟近雅彦（むねちか まさひこ）［監修者］
　1987年東京大学大学院工学系研究科博士課程修了，工学博士取得．1987年東京大学工学部反応化学科助手，1992年早稲田大学理工学部工業経営学科（現経営システム工学科）専任講師，1993年同助教授を経て，1999年より早稲田大学理工学術院創造理工学部経営システム工学科教授．ISO/TC 176日本代表エキスパート．
　主な研究分野は，TQM，感性品質，医療の質保証，経営診断．主著に『TQM—21世紀の総合「質」経営』（共著，日科技連出版社，1998年），『医療の質用語事典』（共著，日本規格協会，2005年），『マネジメントシステムの審査・評価に携わる人のためのTQMの基本』（共著，日科技連出版社，2006年）など．

山口和範（やまぐち かずのり）［著者］
　1990年立教大学社会学部専任講師着任，1999年社会学部教授を経て2006年より経営学部教授．講義として統計学，情報科学，多変量解析などを担当．理学博士．
　主な専門分野は，多変量解析，統計計算，統計教育．主著に『EMアルゴリズムと不完全データの諸問題』（共編著，多賀出版，2000年），*EM algorithm and related statistical models*（共編著，Dekker : New York，2003年），『図解入門 よくわかる統計解析の基本と仕組み—統計データ分析入門』（秀和システム，2004年）など．

廣野元久（ひろの もとひさ）［著者］
　1984年株式会社リコー入社．以来，社内の品質マネジメント・信頼性管理の業務，SQCの啓発普及に従事．TQM戦略室副室長，QM推進室室長，RQ推進室室長を経て，2011年より総合経営企画室新規事業開発センタ勤務．東京理科大学工学部，慶應義塾大学総合政策学部　非常勤講師．
　主な専門分野は，SQC，信頼性工学．主著に『Excelで楽しむ統計』（共著，共立出版，2004年），『グラフィカルモデリングの実際』（共著，日科技連出版社，1999年），『JMPによる多変量データ活用術』（共著，海文堂出版，2004年）など．

◆執筆協力（第2章，第4章，第6章）
　野中英和　TDK株式会社　品質保証部

■実務に役立つシリーズ　第 6 巻

SEM 因果分析入門
JUSE-StatWorks オフィシャルテキスト

2011 年 7 月 6 日　第 1 刷発行
2019 年 3 月 15 日　第 2 刷発行

　　　　　　　　　監　修　棟　近　雅　彦
　　　　　　　　　著　者　山　口　和　範
　　　　　　　　　　　　　廣　野　元　久
　　　　　　　　　発行人　戸　羽　節　文

```
┌─────┐
│検 印│         発行所　株式会社 日科技連出版社
│省 略│         〒 151-0051　東京都渋谷区千駄ヶ谷5-15-5
└─────┘                  DS ビル
                       電　話　出版　03-5379-1244
                               営業　03-5379-1238
```
Printed in Japan　　　　　　　印刷・製本　東港出版印刷

Ⓒ *Kazunori Yamaguchi, Motohisa Hirono* 2011
ISBN 978-4-8171-9407-7
URL http://www.juse-p.co.jp/

┌─────────────────────────────────────┐
│ 本書の全部または一部を無断で複写複製(コピー)することは，著作権法 │
│ 上での例外を除き，禁じられています。   │
└─────────────────────────────────────┘

JUSE-StatWorks オフィシャルテキスト

実務に役立つシリーズ　全6巻

第1巻
ものづくりに役立つ統計的方法入門
棟近雅彦［監修］，安井清一・金子雅明［著］

第2巻
管理図・SPC・MSA 入門
棟近雅彦［監修］，奥原正夫・加瀬三千雄［著］

第3巻
信頼性データ解析入門
棟近雅彦［監修］，関　哲朗［著］

第4巻
パラメータ設計・応答曲面法・ロバスト最適化入門
棟近雅彦［監修］，山田　秀・立林和夫・吉野　睦［著］

第5巻
アンケート調査の計画・分析入門
棟近雅彦［監修］，鈴木督久・佐藤　寧［著］

第6巻
SEM 因果分析入門
棟近雅彦［監修］，山口和範・廣野元久［著］

★小社書籍はホームページでも紹介しております．
URL　http：//www.juse-p.co.jp/